工业废水处理与资源化利用技术

任 静 著

北京工业大学出版社

图书在版编目（CIP）数据

工业废水处理与资源化利用技术 / 任静著 . — 北京：
北京工业大学出版社，2023.6
ISBN 978-7-5639-8652-1

Ⅰ．①工… Ⅱ．①任… Ⅲ．①工业废水处理②工业废
水—废水综合利用 Ⅳ．① X703

中国国家版本馆 CIP 数据核字（2023）第 096374 号

工业废水处理与资源化利用技术
GONGYE FEISHUI CHULI YU ZIYUANHUA LIYONG JISHU

著　者： 任　静
责任编辑： 仇智财
封面设计： 知更壹点
出版发行： 北京工业大学出版社
　　　　　　（北京市朝阳区平乐园 100 号　邮编：100124）
　　　　　　010-67391722（传真）　bgdcbs@sina.com
经销单位： 全国各地新华书店
承印单位： 河北赛文印刷有限公司
开　本： 710 毫米 ×1000 毫米　1/16
印　张： 13.75
字　数： 275 千字
版　次： 2023 年 6 月第 1 版
印　次： 2023 年 6 月第 1 次印刷
标准书号： ISBN 978-7-5639-8652-1
定　价： 72.00 元

作者简介

任静，女，工学博士，山西大学资源与环境工程研究所副教授，硕士生导师。主要从事工业废水深度处理与资源化利用、新型膜分离技术研发与膜污染控制等方面的教学科研工作。近年来主持和参与国家自然科学基金、国家重点研发计划、山西省科技攻关等国家和省部级重点项目十余项，在国内外学术期刊发表论文多篇。

前　言

　　我国作为世界第一工业制造大国，工业生产在我国的经济发展中发挥着重要的作用。随着工业经济的快速发展，工业废水的种类和数量也迅猛增加，对水体的污染也日趋广泛和严重，严重威胁人类的健康和安全，也进一步加剧了我国水资源的短缺。由于各行业的废水性质和生产工艺之间的差异，工业废水中有毒有害物质难以通过常规污水处理手段被充分降解。工业废水成为水域污染的主要源头，近几十年来，我国就发生过许多因工业废水不合理处置而引发的水污染事故。

　　近年来，各地纷纷加大对工业废水的治理力度，并大力开发新型工业废水处理工艺和设备，各大公司加紧建设工业废水处理厂，持续提升废水处理量。目前我国的工业废水治理已取得了较好的效果，但仍面临着许多技术上的难题，需要对其进行优化和改进。提高废水的排放标准，满足中水回用和废水"零排放"正成为工业废水治理的主要方向。

　　同时，工业废水由于成分复杂、性质多变、治理难度大，一直是水处理中的"老大难"。在这种情况下，必须要在现有废水处理技术的基础上，继续研发新工艺，建立更加完善的废水处理系统，促进废水处理技术的创新与发展。由于各种工业废水种类繁多，各行业又各有其特色，要达到高效的治理效果，必须根据行业的特征，有针对性地制定策略，实现工业废水的高效循环利用。

　　本书结合作者及其研究团队的工作基础，汇集了工业废水处理领域相关研究进展，可供相关领域专业人员参考学习，以期为工业废水处理与资源化利用提供助力。本书共九章。第一章为绪论，主要包括工业废水污染现状、工业废水的来源与分类、工业废水的水质特征、工业废水中的典型污染物、工业废水治理现状五方面内容；第二章为工业废水的预处理，主要包括废水的调节、格栅、气浮法、吹脱与汽提法、混凝法、沉淀法、中和法七方面内容；第三章为工业废水的生物处理，主要包括厌氧生物处理技术、好氧生物处理技术、膜生物反应器技术、生物脱氮除磷技术、其他生物处理技术、污泥的处理与处置六方面内容；第四章为工业废水深度处理与资源回用，主要包括吸附法、高级氧化法、电解法、离子交换法、膜分离法、蒸发结晶法六方面内容；第五章为石油工业废水处理及资源化利用，主要包括石油工业废水的产生、石油工业废水水量与水质、石油工业废水处理与回用、影响石油工业废水处理效能的因素、石油工业废水处理工程实例五个方面内容；第六章为煤炭工业废水处理及资源化利用，主要包括煤炭工业废水的产生、煤炭工业废水水量与水质、煤炭工业废水处理工艺流程、煤炭工业废水资源化利用、煤炭工业废水处理工程实例五方面内容；第七章为纺织印染废水处理及资源化利用，主要包括纺织印染废水水量与水质、纺织印染废水的来源、纺织印染废水处理工艺流程、纺织印染废水资源化利用、纺织印染废水处理工程实例五方面内容；第八章为食品工业废水处理及资源化利用，主要包括食品工业废水的产生、食品工业废水水量与水质、食品工业废水处理工艺流程、食品工业废水资源化利用、食品工业废水处理工程实例五方面内容；第九章为其他工业废水处理工艺及工程应用，主要包括制药废水处理与回用、造纸废水处理与回用、重金属废水处理与回用、工程实例、工业废水资源化发展趋势五方面内容。

在本书的撰写与修订过程中，作者得到了许多专家学者的帮助与指导，参考了国内外学术文献，在此表示诚挚的感谢。本书的出版得到了山西省水利科学技术研究与推广项目（2023GM30）的支持。由于本书涉及内容较广，同时也鉴于作者水平和编写时间有限，书中难免会有疏漏之处，望广大读者予以指正。

目　　录

第一章　绪论

我国工业企业众多，工业类型庞杂，2021 年全国工业用水量为 1049.6 亿 t，占全国用水总量的 17.7%。工业生产过程中会产生大量工业废水，其中含有的污染物质浓度高、成分复杂、可生化性差、毒性大，处理不当对环境和人体健康均会造成极大的负面影响，因而正确处理工业废水，实现工业废水资源化利用显得尤为重要。本章主要介绍了工业废水污染现状、工业废水的来源与分类、工业废水的水质特征、工业废水中的典型污染物、工业废水治理现状这几方面内容。

第一节　工业废水污染现状

我国每年排放工业废水约 200 亿 t，以 2009 年为例，工业废水排放量占全国废水排放总量的 40%，其中江苏最高，为 25.6 亿 t，其次为浙江、广东、山东、广西、福建、河南等地，最少的为西藏、海南、青海等地。2009 年废水排放平均达标率为 88.4%，主要的污染行业为造纸、纺织印染、化工、钢铁等行业。虽然近年来环保工作在不断加强，污染处理工作也有所进展，以 2015 年为例，化学需氧量（COD）排放量为 2223.5 万 t，比 2014 年减少了 3.1%，比 2010 年减少了 12.9%，氨氮排放量为 229.9 万 t，比 2010 年减少了 13%，但工业废水治理任务仍相当繁重，个别地区仍存在着严重的水污染问题，特别是广大农村的乡镇企业，尚存在着处理不达标及偷排等诸多问题，要想解决好污染问题仍然任重而道远。

《2008 年全国环境统计公报》表明，2008 年全国废水排放总量达 571.7 亿 t。其中，工业废水排放量为 241.7 亿 t，占废水排放总量的 42.3%。废水中 COD 排放总量为 1320.7 万 t，其中工业废水中 COD 排放量为 457.6 万 t，占 COD 排放总量的 34.6%。废水中氨氮总排放量为 127.0 万 t，其中工业氨氮排放量为 29.7 万 t，占氨氮排放量的 23.4%。

我国七大水系沿岸、重点湖泊流域和近海岸汇集了全国约 80% 的大、中城市及乡镇，有大量工业废水排入。近年来，我国由工业废水污染引起的环境污染事件时有发生。例如，含砷、酚等有毒工业废水，有毒化工原料（三甲基氯硅烷、六甲基二硅氮烷等）对松花江水源造成污染等。2007 年 5 月，太湖蓝藻暴发是我国主要湖泊富营养化污染典型事件。2005 年，太湖流域废（污）水总排放量为 33.13 亿 m^3，其中工业废水为 21.55 亿 m^3，占 65%。流域内各主要污染物排放总量分别为 COD 850321 t，氨氮 91788 t，总磷 10350 t，总氮 141587 t。其中，工业主要污染物排放量和占流域污染物排放总量的比例如下：化学需氧量 264726 t，占 31.1%；氨氮 31248 t，占 34%；总磷 508 t，占 4.9%；总氮 41506 t，占 29.3%。由此可见，工业废水是太湖流域的重要污染源。由于大量工业污染物和营养物质排入太湖水域，为蓝藻水华大规模繁殖提供了有利条件，在适宜的水温和气象条件下，蓝藻暴发，水源地水质受到污染，严重影响人民群众的正常生活。

根据 2020 年由生态环境部、国家统计局、农业农村部联合印发的《第二次全国污染源普查公报》，在普查的标准时点为 2017 年 12 月 31 日、时限为 2017 年度的情况下，主要污染源包括工业污染源、农业污染源、生活污染源、集中式污染治理设施和移动污染源，主要污染物排放量为 COD 2143.98 万 t，氨氮 96.34 万 t，总氮 304.14 万 t，总磷 31.54 万 t，动植物油 30.97 万 t，石油类 0.77 万 t，挥发酚 244.10 t，氰化物 54.73 t，重金属（铅、汞、镉、铬和类金属砷，下同）182.54 t。

工业源统计数据涵盖了采矿、制造业、电力、热力、燃气及供水等类别中的 41 个主要行业。2017 年，全国各工业源废水污染物的排放量分别为 COD 90.96 万 t，氨氮 4.45 万 t，总氮 15.57 万 t，总磷 0.79 万 t，石油类 0.77 万 t，挥发酚 244.10 t，氰化物 54.73 t，重金属 176.40 t。农副食品加工业、化学原料和化学制品制造业及纺织业分别为工业废水化学需氧量排放量前三位的行业，其 COD 排放量分别为 17.90 万 t、11.92 万 t 和 10.98 万 t，上述三个行业合计占工业废水 COD 排放量的 44.85%。化学原料和化学制品制造业、农副食品加工业和纺织业分别为工业废水氨氮排放量前三位的行业，其氨氮排放量分别为 1.09 万 t、0.63 万 t 和 0.34 万 t，上述三个行业合计占工业废水氨氮排放量的 46.29%。石油、煤炭及其他燃料加工业、化学原料和化学制品制造业和黑色金属冶炼和压延加工业分别为工业废水挥发酚排放量前三位的行业，其挥发酚排放量分别为 160.39 t、46.44 t 和 17.74 t，上述三个行业排放量合计占工业废水挥发酚排放量的 92.00%。有色金属矿采选业、金属制品业和有色金属冶炼和压延加工业分别为工业废水重金属排放量前三位的行业，其重金属排放量分别为 32.17 t、26.06 t 和 24.26 t，占工业废水重金属排放量的 46.76%，而且工业污染源仍然是重金属和其他有害污染物的最大来源。

随着工业化、城镇化进程的加快和消费结构的持续升级，我国能源需求刚性增长。受国内资源保障能力和环境容量的制约，以及全球性能源安全和应对气候变化的影响，我国环境资源制约日趋强化。减少工业废水污染，大力推进节能减排，加快形成资源节约、环境友好的生产方式，增强可持续发展能力，是我国废水污染控制的重要内容。

第二节 工业废水的来源与分类

一、工业废水中污染物来源

由于工业类型繁多，而每种工业又由多段工艺组成，故产生的废水性质完全不同，成分也非常复杂。根据废水对环境污染所造成的危害的不同，大致可将工业废水中的污染物划分为有机污染物、油类污染物、有毒污染物、生物污染物、酸碱污染物、需氧污染物、营养性污染物、感官性污染物和热污染物等。虽然工业废水部分污染指标与城市污水相同，但其浓度或数值常常与城市污水相差非常大。例如，某些工业废水中 COD 浓度高达几千甚至上万毫克/升，而城市污水一般多为几百毫克/升。另外，工业废水的可生化性一般要比城市污水差得多，重金属和其他有毒有害物质的浓度也常常比城市污水高很多，这些都加大了工业废水的处理难度。

工业废水中的某种污染物可以由以下单方面或多方面原因引起：①该污染物是生产过程中的一种原料；②该污染物是生产原料中的杂质；③该污染物是生产的产品；④该污染物是生产过程中的副产品；⑤该污染物是废水排放前预处理或处理过程中因输送、投加药剂等原因或其他偶然因素造成的。

二、工业废水的分类

工业废水主要是指在工业生产中产生的废水、污水以及废液，这些废水中不仅包含工业原料中间产物，也包括生产中产生的污染物。

（一）按工业废水中所含主要污染物的化学性质分类

1. 有机废水

有机废水是指污染物主要为有机物的废水，此类废水会造成水体富营养化，可对生态环境造成巨大威胁。有机废水主要来自造纸、皮革以及食品工业，其中含有许多碳水化合物、脂肪、蛋白质等有机物，若不经处理排入水体，会导致严重的水污染。有机废水根据有机物降解的难易程度可分为三类：①易于生物降解的有机废水；②有机物可以降解，但含有害物质的废水；③难生物降解的、有害的有机废水。

2. 无机废水

无机废水是指污染物主要为无机物的废水，通常指含有盐类、重金属、氯化物和硫酸盐的废水。当无机废水的含盐量过高时，就是高盐废水。一般其浓度为3000 ～ 50000 mg/L，有的可达到200000 mg/L。无机废水的处理可采用膜处理、电渗析、蒸发结晶等多种工艺。

（二）按工业企业的产品和加工对象分类

1. 石油工业废水

石油工业废水是在石油加工过程中由水和原油的直接或间接的接触而造成的，其中含有石油类、硫化物、酚、氰化物、COD 等主要污染物。根据其性质，石油工业废水又可分为含盐废水、含油废水、含硫废水、汽提净化水、清净下水等。除了含盐废水，其他的废水含盐率都比较低，而且零排放的废水处理费用也比较高。根据含盐量，石油工业废水可分为中等含盐废水和高盐废水。

2. 煤化工废水

我国煤炭资源十分丰富，煤化工工业发展迅猛，其生产过程中会产生大量焦化废水、煤气化废水、煤液化废水等，污染物浓度高，成分复杂，可生化性较差。煤化工废水中的有机物以酚类、联苯、吡啶为主，同时也含有氨氮、氰化物等多种有害物质，对水体中的微生物会产生较大的影响。另外，燃煤中所含的氟化物在煤气化时会进入废水中成为废水的主要污染物，在生化处理中使生物酶活性受到抑制，从而增加其处理难度。

3. 纺织印染废水

纺织印染废水是指在原料蒸煮、漂洗、漂白、上浆等工序中，含有天然杂质、脂肪、淀粉等有机物质的废水。纺织印染废水含有染料、淀粉、纤维素、木质素、洗涤剂等多种有机物质，同时含有碱、硫化物、各种盐类等。其特征是有机物浓度高、成分复杂、色度深、pH 值变化大、水质变化大，属于难以治理的工业废水。随着化学纤维的不断发展，以及染色后整理的需求不断增加，PVA 浆料、人造丝碱解物、新型染料、助剂等难以降解的有机物质，大量涌入了纺织印染废水，给传统的纺织印染废水处理工艺带来了严峻的挑战。

4. 食品工业废水

食品生产要经历原料清洗、生产和成型三个阶段。第一阶段：用大量的清水清洗原材料，除去皮、毛、叶、砂土等杂物，废水中主要含有悬浮物、天然色素、脂类等；第二阶段，由于不能确保 100% 地使用原材料，有些物料会进入废水，造成有机物浓度上升；第三阶段，添加甜味剂、色素、防腐剂等，以改善产品质量、延长保鲜期。上述生产过程使食品工业废水的组成更加复杂，需要选用合适的处理工艺才能再生回用。

5. 制药废水

制药企业在医药生产过程中可能造成各种各样的环境问题，其中以废水的污染最为突出。由于制药过程比较复杂，在不同的药物生产过程中，所产生的废水的性质也是不一样的。制药废水的组成比较复杂，具有高 COD 和高盐的特性。医药工业废水中 COD 含量较高，主要来自制药过程中未完全反应的前驱体、反应过程中的副产品、未彻底分离的药物，这些都具有一定的生物活性，并有可能在自然条件下诱发微生物产生抗性基因，造成严重的危害。

6. 造纸废水

造纸行业是国民经济的一个重要行业，也是一个污染严重的行业。在制浆过程中，会产生大量的洗涤废水，由于其组成复杂，含有大量的悬浮物、五日生化需氧量 BOD_5、COD_{Cr} 以及一些毒性物质，这些污染物的直接排放将会严重影响生态环境的稳定性。在对造纸废水进行物化、二次生化处理后，废水中仍然存在着大量的难降解有机物，需要进行深度处理，以达到达标排放标准。

7. 重金属废水

重金属污染已成为全球最严重的生态问题，特别是采矿、冶炼、电镀和化工等行业产生的重金属废水的排放，使自然界中重金属含量大幅上升。水体中的汞、铅、锌、镍、镉等离子引起的重金属污染，对生态环境和人体健康构成了极大的威胁，表现出高稳定性、难降解性、迁移范围广等特点。重金属在天然条件下不会发生降解，只能通过吸附、膜分离等手段改变其存在区域以及赋存形态。

（三）按废水中所含污染物的主要成分分类

1. 酸碱废水

酸性废水是指 pH 值在 6 以下的废水，碱性废水是指 pH 值在 9 以上的工业废水。酸碱废水进入水中，会破坏天然的中和作用，改变 pH 值，对水中的生物产生不良影响，从而导致水体的自净能力降低。酸碱废水渗透到土壤中，会使土壤的物理性能发生变化，使土壤发生酸化、碱化，从而影响作物正常生长。海水的酸化也会对船舶、桥梁和其他水上建筑产生损害。中和工艺是处理酸性和碱性废水的主要方法。在酸性废水的处理中，碱是常用的中和剂；对碱性废水的处理，常用酸或酸的氧化物作中和剂。在中和过程中，应首先考虑使酸性废水和碱性废水相互中和，或用废碱渣中和酸性废水。

2. 含油废水

含油废水是指在工业生产中产生的含油性污染物的废水。含油废水含有天然石油、石油产品、焦油及其分馏物、可食用动物油和油脂。对水体污染严重的主要是石油和沥青。各行业排放的废水中所含有的油类成分存在较大的差别。例如，在炼油过程中，其含油量在 150 ～ 1000 mg/L，焦化废水含油量在 500 ～ 800 mg/L，而在煤气发生站废水中，焦油浓度在 2000 ～ 3000 mg/L。油类在废水中的分布主要有三种：①油料在废水中具有很大的分散性，其粒度超过 100 μm，较容易分离；②油类颗粒分散于废水中呈乳化态，难以分离；③少量的油类以 5 ～ 15 mg/L 的溶解态存在。

3. 含硫废水

含硫废水主要来自炼油厂催化裂化、催化裂解、焦化、加氧裂解等二次处理设备中的废水排放，是一种低排放、高污染的废水。废水中除了硫化氢、氨、氮外，还含有酚、氰化物、石油等污染物质，而且有很强的气味，会腐蚀仪器设备。在较低的 pH 值下，硫化物容易分解，释放出硫化氢，对环境造成严重的污染。废水不能直接排放到集中处理厂，必须采用汽提工艺预处理。

4. 含酚废水

含酚废水多指以挥发性苯和非挥发性酚为主要污染物的工业废水，焦化厂、煤气发生站、合成酚厂、制药厂、合成纤维厂等会产生大量的酚类废水，其中挥发酚和非挥发酚常常是并存的。含酚废水中除了含有酚外，还含有油、悬浮物、硫化物、氨氮、氰化物等。在处理含酚废水时，应在工艺上尽可能采取封闭循环；酚含量高于 1 g/L 的高浓度废水，一般采用萃取法、汽提脱酚、吸附法、化学沉淀法等工艺处理；活性污泥法、生物膜法、化学氧化法等工艺可用于处理低浓度的含酚废水。

5. 放射性废水

含放射性物质的废水即为放射性废水，根据放射性物质含量不同可将其分为高、中、低放射性废水。对于中、高放射性废水，通常采用水泥固化、沥青固化、罐内蒸发固化、煅烧固化、玻璃固化等工艺进行处理；对于低浓度的放射性废水，通常采用凝聚沉淀、离子交换、电渗析、反渗透、蒸发、生物化学处理、储存衰变等工艺进行处理。对于放射性废水，只有经过适当稀释再排放，才能避免对地表水和地下水造成污染，才能避免生物富集对人类身体和生态系统造成损害。

第三节　工业废水的水质特征

一、工业废水的性质和特点

（一）工业废水类型复杂

由于生产的产品不同，生产原料及生产工艺也不相同，产生的废水差异很大，类型复杂。一般工业废水按废水中主要污染物的性质，可分为以无机污染物为主的废水、以有机污染物为主的废水和同时具有无机与有机污染物的废水。例如，电镀、电子和矿物加工废水等是以无机废水为主的废水，食品加工、饲料制造、制革、石油加工废水等是以有机废水为主的废水，造纸及纸制品加工、纺织业、化学原料及化工产品制造废水等是同时具有无机和有机污染物的废水。

工业废水按工业企业生产产品的不同，可分为钢铁工业废水、制浆造纸废水、纺织印染废水、化工废水、制药废水、食品加工废水、电镀电子废水、有色冶金废水、制革废水、煤炭开采和洗煤废水等；按工业废水中主要污染物的类型，可分为酸性废水、碱性废水、重金属废水、含油废水、含酚废水、含有机磷和放射性废水等；按废水中污染物的危害性，可分为冷却水排水（该部分排水可回收利用）、无明显毒性废水、有毒性废水等；按废水的可生化性，可分为易生物降解废水、一般可生物降解废水和难生物降解废水等。

（二）工业废水处理难度大

一般工业废水固体悬浮物（SS）含量大，化学需氧量（COD）和生化需氧量（BOD）浓度高，酸碱度变化大，有的还含有多种有害成分，如油、酚、农药、染料、多环芳烃、重金属等。据统计，目前工业生产涉及的有机物达 400 万种，人工合成有机物 10 万种以上，且每年以 2000 余种的速度递增，它们以各种途径进入水体，导致水质下降，污染环境。因此，工业废水已成为水体中各种污染物的主要来源。

（三）工业废水排放一般属于点源污染

工业废水通常就近纳污排放，对水环境的点污染严重。而集中于工业园区的企业将在一定区域内形成大量废水，对排放口附近的水环境造成高负荷冲击。

（四）工业废水危害性大，效应持久

工业废水中人工合成的有机物可在环境中富集，其通过食物链等作用，对人体的危害不容忽视。此外，工业废水进入地下水后，会对土壤或地下水资源造成严重污染。由于地下水埋藏于地底，与地表水处于半隔绝状态，其更新周期长，一旦受到污染很难恢复。

（五）工业废水是重金属污染的主要来源

重金属是人体健康不可缺少的金属元素，但人体中重金属含量甚微，如果过量则会影响人体健康。水体中的重金属污染几乎都来自工业废水，例如，来自矿山坑道排水、废矿石场淋滤水、选矿场尾矿排水、有色金属冶炼厂除尘废水、有色金属加工酸洗废水、电镀厂镀件洗涤水、钢铁厂酸洗排水，以及电解、电子、蓄电池、农药、医药、涂料、染料等各种工业废水。重金属在人体内与蛋白质及各种酶发生相互作用，可使它们失去活性，给人体造成危害。重金属还会对植物产生危害，而动物食用了受重金属污染的植物会随着食物链的富集，最终影响人体健康。

二、衡量工业废水的特征参数

（一）总固体含量

废水中的杂质分为无机物和有机物两大类。物质在水中有 3 种分散状态，即溶解态（直径小于等于 1 nm）、胶体态（直径介于 1～100 nm）、悬浮态（直径大于 100 nm）。水中所有残渣的综合称为总固体（Total Solid，TS），包括溶解性固体（Dissolved Solid，DS）和悬浮物（Suspended Solid，SS）。能透过滤膜或滤纸（孔径 3 ～ 10 μm）的残渣为溶解性固体。水中固体是指在一定的温度下将水样蒸发至干时所残余的那部分物质，因此也曾被称为"蒸发残渣"。固体残渣根据挥发性能可分为挥发性固体（VS）和固定性固体（FS）。将固体在 600℃的温度下灼烧，挥发掉的即为挥发性固体，灼烧残渣则是固定性固体。溶解性固体一般表示水中盐类的含量，悬浮物表示水中不溶解的固态物质含量，挥发性固体反映的是固体的有机成分含量。

悬浮物是废水的一项重要水质指标，排入水体后会在很大程度上影响水体外观，除了会增加水体的浑浊度、妨碍水中植物的光合作用、对水生生物的生长不利外，还会造成管渠和抽水设备的堵塞、淤积和磨损等。此外，悬浮物还有吸附和凝聚重金属及有毒物质的能力。悬浮物可按颗粒直径的不同分为细分散悬浮物（0.1 ～ 1.0 μm）和粗分散悬浮物（＞ 1.0 μm），也可按挥发性的不同分为挥发性悬浮物（VSS）和非挥发性悬浮物（NVSS）。

（二）生化需氧量

在有氧的条件下，由于微生物的活动而降解有机物所需的氧量称为生化需氧量（BOD）。废水中有机物降解一般分为两个阶段（图 1-1）：第一阶段，又称碳化阶段，是有机物中的碳氧化为二氧化碳、氮氧化为氨的过程，这一阶段消耗的氧量称为碳化需氧量，通常用 L_a 或 BOD_u 表示；第二阶段，又称硝化阶段，是氨在硝化细菌的作用下被氧化为亚硝酸盐和硝酸盐的过程，这一阶段的需氧量称为硝化需氧量，通常用 L_a 或 BOD_u 来表示。

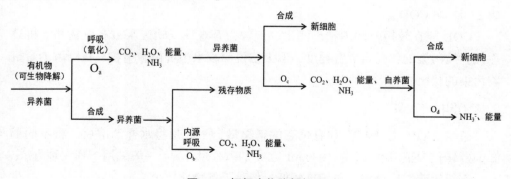

图 1-1　好氧生物降解机理

注：

O_a——异氧菌好氧分解有机物所需氧量，mg/L；

O_b——异养菌内源呼吸分解自身细胞内有机物所需氧量，mg/L；

O_c——自养菌亚硝化所需氧量，mg/L；

O_d——自养菌硝化所需氧量，mg/L。

有机物的生化需氧量与温度、生化培养时间有关。在一定范围内，水温越高，微生物活力越强，有机物因降解而消耗得越快，需氧量越大；时间越长，微生物降解有机物的数量越大，深度越深，需氧也越多。为保证测定结果有可比性，实测生化需氧量时，规定温度为 20 ℃。在 20 ℃环境中，有机物基本完成第一阶段的氧化降解过程一般需要 20 d 左右，其需氧量用 BOD_{20} 表示，被视为完全生化需氧量（L_a）。实际测定时，20 d 分析周期太长，一般采用 5 日生化需氧量（BOD_5）。对于不同废水来说，其 BOD_{20} 与 BOD_5 数值差异很大，但对同一种废水来说，比值相对固定。因此，多数国家规定 20 ℃时 5 d 生化培养测定的 BOD_5 作为废水的有机物浓度指标。

BOD_5 基本上能反映废水中可被微生物氧化降解的有机物的量，但当废水中含大量难生物降解的有机物时，或废水中存在抑制微生物生长繁殖的物质时，测定误差较大，而且每次测定需 5 d，不能迅速及时地指导实际工作。

（三）化学需氧量

在酸性条件下，用强氧化剂将有机物氧化为 CO_2、H_2O 所消耗的氧量称为化学需氧量（COD）。这些氧化剂的氧化能力很强，能较完全地氧化水中绝大部分有机物和无机还原性物质（但不包括硝化所需的氧量）。氧化剂为重铬酸钾时，称为 COD_{Cr}；氧化剂为高锰酸钾时，称为 COD_{Mn}。通常情况下：$COD_{Cr} > BOD_{20} > BOD_5 > COD_{Mn}$。

COD 能在较短时间内精确测出，能较为客观地反映废水被有机物和无机还原性物质污染的状况与危害程度，但无法说明废水中可被微生物氧化降解的有机物污染的状况。

（四）总磷

总磷（TP）是无机态和有机态的磷总量，一般是将水样消解后，将不同形式的磷转化为正磷酸盐，按 1000 mL 水中的磷含量计算，一般采用下列三种方法：

①钒钼磷酸比色法：灵敏度较低，但是干扰物质较少。

②钼-锑-钪比色法：具有较高的敏感度，颜色较稳定，重复性较好。

③氯化亚锡法：反应灵敏，但不稳定，易受氯离子、硫酸盐等的影响。

（五）氨氮

氨氮是以 NH_3 和 NH_4^+ 的形式存在于水中的氮。废水中的氨氮主要分为两类：氨水生成的氨氮；由无机氨形成的氨氮，以硫酸、氯化铵等为主要组成。化工、冶金、化肥、煤气、焦炭、鞣革、味精、肉类加工和养殖等行业的工业废水和垃圾渗滤液中，往往含有大量的氨氮。同时，含有少量氨氮的废水，在回用过程中，会对一些金属尤其是铜造成侵蚀，并加速管线、供水设施中微生物的滋生，从而导致生物污垢堵塞管路和设备。因此，经常需要采用化学沉淀法、吹脱法、生物法、膜分离法、化学氧化法、离子交换法等工艺来降低废水中的氨氮含量。

第四节　工业废水中的典型污染物

一、无机污染物

（一）金属毒物

金属毒物主要是指汞、镉、铅、铬、锌、镍、铜、钴、锰、钒、锡、铝等元素的离子或化合物，如汞进入人体后转化为甲基汞，在脑组织中累积，破坏神经功能，无药可治，直至严重发作而死亡。金属毒物不被微生物降解，只能在不同形态间相互转化、分散。其毒性以离子态存在时最为严重，又易被配位体配合或被带负电荷的物体吸附，随波逐流而四处迁移，并不一定都富集于排污口下游的底泥中。金属毒物常被生物富集于体内，富集倍数可达几百至上千倍，又可通过饮水与食物链，最终毒害人体。重金属进入人体后，能与生理高分子物质作用而使之失去活性；也可能积累在某些器官中，导致人体慢性中毒，有时造成的危害要经过 10 ～ 20 年才显露，严重的会突发致病，导致死亡。下面重点介绍前 3 种金属毒物。

1. 汞

汞俗称水银，在地球的十大污染物中位居首位。在排放标准中，总汞浓度不得高于 0.05 mg/L，烷基汞不得检出。在重金属污染物中，汞作为一种特殊的、毒性极强的金属元素备受关注，特别是 20 世纪 50 年代初日本水俣湾发生举世震惊的"水俣病"事件后，人们对汞的污染源、污染水平、汞在环境中的迁移转化规律及其治理措施等进行了一系列的研究，并对汞在水环境中富集、转化、食物链的传递与危害等环节有了较为明晰的认识。

11

汞在天然水中的浓度为 0.03 ～ 2.8 μg/L。水中汞污染物的来源可追溯到含汞矿物的开采、冶炼、各种汞化合物的生产和应用领域。因此冶金、化工、化学制药、仪表制造、电气、木材加工、造纸、油漆颜料、纺织、鞣革、炸药等工业的含汞生产废水都可能是环境水体中汞的污染源。表 1-1 列举了某些工业排水中的含汞量，值得注意的是氯碱工业中由水银电极电解工段排出的水中汞含量较高。

表 1-1 某些工业排水中的含汞量

排水来源	溶解性汞 /（mg/L）	悬浮颗粒汞 /（mg/kg）
造纸厂沉降池	0.00008	10
造纸厂排水	0.002 ～ 0.0034	5.6
肥料制造厂	0.00026 ～ 0.004	32.0
冶炼厂	0.002 ～ 0.004	——
氯碱生产厂	0.080 ～ 2.0	14.0

2. 镉

镉本身是一种丰度次于汞的稀有金属，在自然界中主要存在于锌、铜和铝矿内，但在人类活动的参与下，将地下岩石圈中含镉的矿物开发利用，又将大量废弃物向环境中排放，从而引起环境的变化，这种状况就称为镉污染。国家《污水综合排放标准》（GB 8978—1996）规定 Cd^{2+} 浓度应低于 0.1 mg/L。自 20 世纪初发现镉以来，镉的产量逐年增加。镉广泛应用于电镀、化工、电子和核工业等领域。镉是炼锌业的副产品，主要用在电池和染料领域，并可用作塑胶稳定剂，比其他重金属更容易被农作物吸附。相当数量的镉通过废气、废水、废渣排入环境，造成污染。污染源主要是铅锌矿，以及有色金属冶炼、电镀和用镉化合物作原料或催化剂的工厂。污染主要是由铅锌矿的选矿废水和有关工业（电镀、碱性电池等）废水排入地面水或渗入地下水引起的。

水体中镉的污染主要来自地表径流和工业废水。硫铁矿石制取硫酸和由磷矿石制取磷肥时排出的废水中含镉较高，每升废水含镉可达数十至数百微克，大气中的铅锌矿以及有色金属冶炼、燃烧、塑料制品的焚烧形成的镉颗粒都可能进入水中；用镉作原料的催化剂、颜料、塑胶稳定剂、合成橡胶硫化剂、抗生素等排放的镉也会对水体造成污染。在城市中，容器和管道的污染往往使饮用水中镉含量增加。

工业上 90% 的镉都用于电镀、颜料、塑胶稳定剂、合金及电池行业，10% 的镉用于电视、电脑等显像管荧光粉、高尔夫球场抗生素、橡胶改良剂和原子核反应堆保护层及控制棒的制造等。镉是一种吸收中子的优良金属，含有铟与镉的银基合金棒条可在原子反应炉内减缓核子连锁反应速率，控制棒在反应堆中起补偿和调节中子反应性以及紧急停堆的作用。

镉及其各种化合物应用广泛，归纳起来大致有以下几方面：①电镀工业。工业上镉主要用于电镀，镉电镀可为基本金属（如铁、钢）提供一种抗腐蚀性的保护层；氰化镉具有良好的吸附性且可以使镀层均匀光洁，成为一种通用的电镀液；②颜料工业。制作镉黄、镉红颜料。③用作塑胶稳定剂。④电池和电子器件。⑤合金。

未污染河水和污染河水的镉浓度分别为低于 0.001 mg/L，以及 0.002 ～ 0.2 mg/L，海水中镉浓度平均约为 0.11 μg/L，海洋沉积物中一般为 0.12 ～ 0.98 mg/kg，而锰结核中为 5.1 ～ 8.4 mg/kg。

锌、镉金属冶炼中的排出废水是另一重大水体污染源，废水中主要含有 $CdSO_4$。镉冶炼中以干法炼锌工程的中间产物烟灰作原料，经硫酸溶解后除去料液中铁、铅、锌、铜等，随后用锌板或锌粉将镉置换析出，析出的海绵状镉再溶解并进一步净化后，作电解精炼。水洗工段排出的废水中的镉主要来自沾在电解极板上的电解液以及管路、法兰、泵中泄漏出来的料液等。2005 年 12 月 16 日，经环保部门确认，发生在广东省北江部分江段的镉污染事件，是由韶关冶炼厂设备检修期间超标排放含镉废水所致的。此次污染一度使供应当地十多万人饮水的英德市南华水厂停止供水。

3. 铅

铅是人类最早发现并予以应用的金属，在应用过程中，人们对其毒性也逐渐了解。当人体中摄入大量铅后，主要效应与四个人体组织系统相关：血液、神经、肠胃和肾。急性铅中毒通常表现为肠胃效应。在剧烈的爆发性腹痛后，出现厌食、消化不良和便秘。有异食癖的儿童可能经口摄入大量铅化合物（如舔食母亲脸上的胭脂或食品罐头上的油漆剥落碎片），从而引起慢性脑病综合征，具有呕吐、嗜睡、昏迷、运动失调、活动过度等神经病学症状。铅中毒后对中枢神经系统和周围神经系统产生不良影响也是常见的症状。

铅在水体中存在的化学、物理形态也是多样的。对世界范围内众多河流的有关资料进行归纳后可知，河水中有 15% ～ 83% 的铅是以与悬浮颗粒物结合的形态而存在的，其中又有相当数量的铅是以与大分子有机物质相结合以及被无机的水合氧化物（氧化铁等）所吸附的状态存在的。当 pH 值大于 6.0，且水体中又不存在相当数量的能与 Pb^{2+} 形成可溶性配合物的配位体时，水体中可溶状态的铅可能就所存无几了。

在酸性水体中，腐殖酸能与 Pb^{2+} 生成较稳定的螯合物；在 pH 值大于 6.5 的水体中，黏土粒子强烈吸附 Pb^{2+}（发生与腐殖酸竞争的情况），吸附生成物趋向于沉入水底。一般情况下，铅在腐殖酸成分中的浓集系数（铅在腐殖酸和沉积物中的浓度比）为 1.4 ~ 3.0。在向河水中加入 Cl^- 或 NTA 时，水底沉积物中铅即发生解吸，且两种情况下解吸率之比为 1 ：10，这与 $PbCl^-$ 和 Pb-NTA 的稳定常数分别为 101.6 和 1011.47 是相应的。

在天然水体中还存在一些无机颗粒状态的铅化合物，如 PbO、$PbCO_3$ 和 $PbSO_4$ 等。此外还有各种水解产物形态，如 $PbOH^+$、$Pb(OH)_2$、$Pb(OH)_3^-$、$Pb_2(OH)_3^+$、$Pb_4(OH)_4^{4+}$ 等。据测定，在 pH 值等于 8.5 的海水中，各种无机形态铅配合物的分配为：88% $PbOH^+$、10% $PbCO_3$、2%（$PbCl^+ + Pb^{2+} + PbSO_4$）。

有机铅化合物在水体介质中溶解度小、稳定性差，尤其在光照下容易分解。但目前已发现在鱼体中含有占总铅 10% 左右的有机铅化合物，包括烷基铅和芳基铅。

未污染海水中的铅浓度约为 0.03 μg/L，海滨地区或表层海水中的浓度可能是此值的 10 倍，这一结果被认为是由大气中的铅降落海面所致的。

未污染淡水中含铅量比海水中高得多，有人提出河水中含铅浓度的代表值为 3 μg/L。甚至在北极地区的冰层中也发现了铅的踪迹，并且其浓度在近现代有急剧增长的趋势。这些情况表明：随着近现代工业的发展，进入大气中的粒子状态的铅量迅速增多，由于滞留时间长，这些粒子状态的铅能参与全球性分配，并导致水体中铅浓度逐年增长。

水体中铅污染物的主要来源有两个方面：①大气向水面降落的铅污染物；②直接向水体排放的工业废水。

大气降尘或降水（含铅可达 40 μg/L）通常是海洋和淡水水系中最重要的铅污染源。据统计，全世界每年由空气转入海洋的铅量为 40×10^6 kg。21 世纪以来，各产业部门向大气排放含铅污染物量急剧增多。在大气中铅的各类人为污染源中，油和汽油燃烧释放的铅的占比在 50% 以上。汽油中常添加烷基铅作为防震剂，常用的化合物有 $Pb(CH_3)_4$、$Pb(C_2H_5)_4$、$Pb(CH_3)_3(C_2H_5)$、$Pb(CH_3)_2$

（C_2H_5）和 Pb（CH_3）（C_2H_5）$_3$。此外，还掺入一些有机卤化物（如二氯乙烯、二溴乙烯）作为清除剂，用以避免铅化合物在汽油燃烧后沉积在汽缸之中。在汽车排气中所含有的铅，大多数是颗粒非常小的微粒（0.2～1.0 μm），还有一些是未发生反应的残余有机铅烟气。在微粒中的 80%～90% 是 $Pb_xCl_yBr_z$ 化合物，其余为 NH_4Cl 及其与 $Pb_xCl_yBr_z$ 的加合物。此外，还可能由光化学反应产生卤族元素单质：

$$Pb_xCl_yBr_z \xrightarrow{hv} Pb_xCl_yBr_{z-1} + \frac{1}{2}Br_2 \qquad （1-1）$$

排气中的挥发性 $Pb_xCl_yBr_z$ 又能在大气中进一步生成 $PbCO_3 \cdot Pb(OH)_3$ 和氧化铅的细粒气溶胶物质。大气中所含微粒铅的平均滞留时间为 7～30 d。较大颗粒可降落于距污染源不远的地面或水体，但细粒状或水合离子态的铅可能在大气中飘浮相当长的时间。降落在公路路基近旁的铅污染物，很容易流散，最终流到淡水源中，这种污染在经过一段干旱期后会特别严重。

公元前 3000 年，人类已会从矿石中熔炼铅。铅在地壳中的含量为 0.0016%，主要矿石是方铅矿（PbS）。直到 16 世纪以前，在用石墨制造铅笔以前，在欧洲，从古希腊罗马时代起，人们就是手握夹在木棍里的铅条在纸上写字，这正是今天"铅笔"这一名称的来源。到中世纪，在富产铅的国家，一些房屋——特别是教堂，屋顶是用铅板建造的，因为铅具有化学惰性，耐腐蚀。最初制造硫酸使用的铅室法也是利用铅的这一特性。

铅及其化合物以其优异的性能，成为工业上使用最为广泛的有色金属，因而也使得多种工业废水成为水体中铅的污染源。其中能造成环境铅污染的最主要工业包括：①矿石的开采和冶炼；②铅蓄电池制造、汽油添加剂生产；③铅管、铅线、铅板生产；④含铅颜料、涂料、农药、合成树脂生产；⑤其他各种铅化合物生产；⑥防 X 射线等的材料生产。其中产生铅污染废水最多的是生产汽油添加剂四乙基铅的石油工业；其次是蓄电池制造工业，其中铅板生产场所，由于 pH 值低于 3.0，因此废水中含有高浓度的溶解性铅；石油炼制过程中常使用亚铅酸钠；镀铅时电镀槽中的电镀废液；油漆颜料的铬黄主要是通过铬酸钠和硝酸铅或醋酸铅反应制得，产生大量不溶性铅的废水；含铅玻璃混合剂常用于显像管前玻璃和管锥部分的熔合，清理回收或回用这种混合剂需要用稀酸溶解，从而产生含铅废水；铅矿开采及冶炼过程也会排放大量高浓度含铅废水。

饮用水中所含的铅很可能来自以铅作管材的管道系统。在供应 pH 值较低的软水的地方，采用铅管系统是一个特别严重的问题。这种水是铅溶剂，能从管线中溶解大量铅。而 pH 值高且含有溶解的钙盐和镁盐的硬水，在系统中形成一层"水垢"，能阻止铅的溶解。在现代城市，已很少使用铅管和铅罐，它们已被其他材料的制件取代。以聚氯乙烯等塑料制造的管件中也含有作为稳定剂的铅盐，但它溶入水流中的量很少。

（二）非金属毒物

非金属毒物主要有氰、砷、氟、硒、硫、亚硝酸根等。例如，砷中毒时可引起中枢神经紊乱，诱发皮肤癌，水产品或多或少地可能从海水与海底淤泥中受到砷污染。亚硝酸盐在人体内能与仲胺生成亚硝胺，亚硝胺是强烈的致癌物质。许多毒物元素往往又是生物体必需的微量营养元素。因此，控制水体中非金属元素的限量至关重要。下面重点介绍前 3 种非金属毒物。

1. 氰

氰化物拥有令人生畏的毒性，它们绝非化学家的创造，而是广泛存在于自然界，尤其是生物界。氰化物可由某些细菌、真菌或藻类制造，并存在于相当多的食物与植物中。

氰化物在工业中的使用很广泛。含氰废水主要来自矿物的开采和提炼、摄影冲印、焦炉废水、电镀厂、金属表面处理厂、煤气厂、染料厂、制革厂、塑料厂、合成纤维、钢锭的表面淬火以及工业气体洗涤等。另外，氰化物作为副产物产生于石油的催化裂解和蒸馏残渣的焦化过程中。

在采矿业中，氰化物被大量用于黄金开采中，金单质与氰离子配合降低了其氧化电位从而使其能在碱性条件下被空气中的氧气氧化生成可溶性的金酸盐而溶解，因此可以有效地将金从矿渣中分离出来，然后再用活泼金属，比如锌块，经过置换反应把金从溶液中还原出来。

反应方程式如下：

$$4Au + 8NaCN + 2H_2O + O_2 \longrightarrow 4Na\left[Au(CN)_2\right] + 4NaOH \quad （1-2）$$

$$2Na\left[Au(CN)_2\right] + Zn \longrightarrow 2Au + Na_2\left[Zn(CN)_4\right] \quad （1-3）$$

一般处理 1 t 金精矿要外排 4 t 左右的氰化废水，其中氰化物的浓度在 50 ~ 500 mg/L，有的甚至更高。

电镀工业废水是氰化物另一主要来源。电镀操作使用高浓度氰化物电镀液，以使镉、铜、锌盐等以配合物的形式溶解在镀液中，在镀件清洗的过程中，镀件会带出电镀液污染漂洗水，电镀废液（CH⁻ 浓度在 4000 ～ 100000 mg/L）的排放也会产生大量含氰废水。

另外，用于钢材表面增硬的淬火废盐液也是特高浓度的氰化物污染源。

2. 砷

砷污染是指砷及砷化合物对环境造成的污染。砷、含砷金属的开采和冶炼，砷或砷化合物制作的玻璃、颜料、原药、纸张的生产、煤炭的焚烧等，都会产生含砷废水、废气和废渣。空气中的砷污染，除了自然因素如岩石风化和火山喷发等，还与工业生产和使用含砷农药、煤燃烧有关。含砷废水、农药、烟尘等均可对土壤造成严重的污染，砷在土壤中累积并由此进入农作物组织中。砷及砷化合物通常通过水、空气、食物等进入人体，对人体产生一定的伤害。所有的砷化合物都是有毒的，而三价砷化合物则具有较高的毒性。中国对饮用水含砷量的上限是 0.01 mg/L，对包括渔业在内的地表水的含砷量上限是 0.04 mg/L，居民区的日平均浓度是 3 μg/m³。

3. 氟

氟污染是由氟及其化合物造成的环境污染，其主要来源为铝冶炼、磷矿加工、磷肥生产、钢铁冶炼及燃煤等。电镀、金属加工等行业中产生的氟化合物废水和用洗涤法处理的含氟废水，都会对水体产生一定的污染。含氟烟尘的沉降或雨淋，会对土壤及地下水造成污染。氟化合物是一种有毒的物质，有累积性，植物的叶子、牧草都能吸收氟化合物，牛羊等动物食用了氟污染草料，会关节肿胀、蹄甲变长、骨质疏松，最终瘫痪。人体摄取过多的氟，会影响人体的多种酶，破坏钙、磷代谢的平衡，从而导致牙齿脆化、生斑、骨骼、关节变形等。

二、有机污染物

有机化学毒物主要是指酚、苯、硝基物、氨基物、有机农药、多氯联苯、多环芳烃等有机化合物。这些物质中有些物质具有较强的毒性，如多氯联苯与多环芳烃都具有亲脂性，易溶于脂肪与油类中，都是致病物质。又如有机氯农药具有很好的化学稳定性，在自然界中的半衰期长达十几年，又会通过食物链在人体中富集，严重危害人体健康。再如 DDT 蓄积于鱼脂中，其浓度可比水体中的高12500 倍左右。

（一）挥发性有机物

沸点不高于 100 ℃，或在 25 ℃时，其蒸汽压大于 1 mmHg 的有机化合物，一般被视为挥发性有机物（VOCs）。挥发性有机物具有以下环境风险：一旦呈蒸汽状态，其流动性很大，增加了释放于环境中的可能性；某些具有毒性的VOCs进入空气，可能给公共卫生造成很大风险；空气中的活化烃，可能导致形成光化学氧化剂。

（二）消毒副产物

当废水中含有三氯甲烷（THMs）、卤代乙酸类（HAAs）、三氯苯酚和醛类等，并与氯消毒剂接触时，会产生消毒副产物（DBPs），可能会对人体健康产生风险。如在消毒出水中检测到 N- 亚硝基二甲胺（NDMA），而亚硝胺类化合物被认为是最强的致癌物。二甲基胺是某些水处理用的聚合物（如聚己二烯二甲基胺）和离子交换树脂的组成部分。紫外消毒替代氯消毒的依据之一就在于此。

（三）农药和农用化学药剂

农药、除草剂和其他一些农用化学药剂，对许多有机体都具有毒性，是地表水的主要污染源。这些化学药剂的来源，除了生产厂家排放外，主要来自农田、公园、高尔夫球场等绿地的地表径流。

（四）新出现的有机化合物

除上述已制定了要求的化合物外，许多国家的水源地、市政污水和工业废水中，又鉴定出许多新出现的化合物。它们主要来自：①兽用和人用抗生素；②人用的处方和非处方药；③工业和家庭废水的产物；④性激素和甾族激素。可以预料，对这类化合物在健康方面的影响有了更多的认识后，可能会出台许多这类化合物的排放限制。

三、放射性污染物

放射性物质是指具有放射性核素的物质。这类物质通过自身衰变放射出 X、α、β、γ 射线及质子束等。废水中的放射性物质主要来自铀、镭等放射性物质和稀土的提纯生产与使用过程。如以核能为动力的企业、稀土冶炼厂、矿物冶炼厂等都会产生一定量的放射性污染的废水，浓度一般较低，主要引起慢性辐射和后期效应。放射性物质进入人体后会继续放出射线，危害机体，诱发癌症和贫血，还会对孕妇和婴儿产生遗传性伤害。

人工放射性污染物主要来自天然铀矿的开采和选矿、精炼厂、放射性同位素应用时等所产生的废水，尤其是原子能工业和原子反应堆设施的废水、核武器制造和核试验污染以及各种放射性核废料等。在对铀矿和钍矿的加工过程中，采用化学处理法、离子交换沉淀法和萃取法从溶液中有选择地提取铀，铀衰变的放射性产物基本上随着矿石化学处理后的废液夹带出来。

①核工业。在核燃料的生产、使用及回收的循环过程中，每一个环节都会排放放射性物质，但不同环节排放种类和数量不同，例如，铀矿的开采、冶炼、精制和加工过程。开采过程中排放物主要是氢和氡的子体以及含放射性粉尘的废气和含铀、镭、氡等放射性物质的废水；在冶炼过程中，产生大量低浓度放射性废水及含镭、钍等多种放射性物质的固体废物；在加工、精制过程中，产生含镭、铀等放射性物质的废液及含化学烟雾和铀粒的废气等。

②核电站。核电站排出的放射性污染物主要是反应堆材料中的某些元素在中子照射下生成的放射性活化物。其次是由于核元件包壳的微小破损而泄漏的裂变物，核元件包壳表面污染的铀裂变产物。核电站排放的放射性废气中有裂变产物碘（^{131}I）、氚（^3H），惰性气体氪（^{85}Kr）、氙（^{133}Xe）和碳（^{14}C）以及放射性气溶胶。在放射性废物处理设施正常运行时，周围居民从核电站排放的放射性核素中接受的辐射剂量一般不超过背景辐射量的1%。但核电站反应堆发生堆芯熔化事故时，会对环境造成严重污染，如1986年4月26日，苏联的切尔诺贝利核电站四号反应堆发生爆炸，引起大火，放射性物质大量外漏扩散，造成人类核能开发史上最严重的事故。释放出的核素达1.85×10^{18} Bq，还有185×10^{14} Bq在化学上不活泼的放射性气体，迫使周围11.6万居民疏散，300多人受到严重辐射而送进医院抢救，死亡31人。科学家预测，在今后几十年里，受到辐射而转移的2.4万居民中，将有100～200人患癌症而死亡，对于欧洲其他地区和苏联西部受到切尔诺贝利核电站影响的死亡人数为5000～75000人。

③核试验。在大气层进行核试验时，爆炸的高温放射性核素为气态物质，伴随着爆炸时产生的大量炽热气体，蒸汽携带着弹壳碎片、地面物升上高空。在上升过程中，随着蘑菇状烟云扩散，逐渐沉降下来的颗粒物带有放射性，称为放射性沉降物，又叫落下灰。这些放射性沉降物除了落到爆炸区附近外，还可以随风扩散到广泛的地区，造成对地表、海洋、人及动植物的污染。细小的放射性颗粒甚至可到平流层并随大气环流流动，经过很长时间才能落回到对流层，造成全球性污染。

由大气核试验所产生的核裂变是环境中最主要的放射性来源。自1945年美国初次核爆炸试验到1962年美、苏两国签订大气层部分禁止核试验条约为止，世界范围内共进行过大约400次大气核试验，进入大气层的主要放射性核素有^{131}I、^{89}Sr、^{90}Sr和^{137}Cs。除^{131}I半衰期相对较短（$T_{1/2}$为8.05天），通过自然衰变很快消亡外，其他核素的迄今尚未衰变，部分由大气降落到地面或水域，并在地球北纬 30°～60° 有最大累积量。

④工业生产及自动化仪表生产中常用的放射性同位素有 ^{60}Co，^{204}Tl，^{90}Sr 等，主要用于探伤、食品保鲜及消毒杀菌等方面。

⑤某些建筑材料（如含铀、镭量高的花岗岩和钢渣砖等）的使用也会增加室内的辐照强度。某些生活消费品中含有放射性物质，如夜光表、彩色电视机等。

四、营养性污染物

废水中所含的氮、磷是植物和微生物的主要营养物质。如果这类营养性污染物大量进入湖泊、河口、海湾等缓流水体，就会引起水体富营养化。水体富营养化是指藻类及其他浮游生物迅速繁殖，水体溶解氧量下降，水质恶化，鱼类及其他生物突然大量死亡的现象。水体出现富营养化时，浮游生物猛增，由于占优势的浮游生物颜色不同，水面常呈现蓝色、红色、棕色、乳白色等颜色。这种现象发生在江河湖泊中称为水华，发生在海中则叫作赤潮。

第五节　工业废水治理现状

一、我国废水处理发展历程

（一）20 世纪 50—70 年代

最初我国的工业废水主要通过城市污水处理厂合并处理，处理工艺也多为一级处理。随着我国工业的逐步发展，考虑到工业废水的特殊组成，各大城市规划设计院相继开展了工业废水处理的研究与实践。这期间工业废水处理从零开始，各企业开始使用单厂的工业废水处理模式，逐步完善工艺，提高处理效率。但是，一开始的工业废水处理厂主要为国有单位，操作能力不强，大多数都是一级处理，专业人员严重短缺。

（二）20 世纪 80 年代—20 世纪末

伴随改革开放政策的实行，我国工业发展迅猛，环境问题也随之显现。在这个阶段我国出台了一系列环境保护相关的法律法规，同时也进行了大量的工业废水处理项目的设计，以社会主义市场经济为主导，各类新建工程均按"三同时"的要求，均有相应的工业废水处理设施。在此期间，我国建成了大批的小型工业废水处理设备。然而，基层环保部门对此类处理设施的监督管理存在诸多问题，如运行管理不善、运行质量差、运行成本高等问题突出。

随着市场经济的发展，经济利益驱动了技术创新，一些地方开始尝试集中处理工业废水。1992 年，浙江省杭州市拱宸桥西区纺织工业区的六个企业共同出资建设了一座联片废水处理厂，并于 1994 年 9 月投入运行。之后的几年里，全国各地都开始了工业废水集中处理模式的探索。

（三）现阶段

新世纪以来，尤其是加入世界贸易组织（WTO）以后，随着贸易自由化的加深，我国的经济迅速发展，公司规模越来越大，废水的排放也越来越多，处理费的上涨使企业的偷排行为时有发生。同时部分发达国家利用国际贸易向中国输送了大量有毒有害污染物，造成了严重的环境问题。面对严峻的环境形势，我国积极探索以集中处理为主的工业废水处理方式，并引导各行业加大环保投资力度。以印染行业为例，针对高能耗、高污染、转型升级等问题，国家相继出台了一系列政策文件，对印染行业的废水治理工作给予了高度的关注。2003 年 4 月，我国印发了《印染行业废水污染防治技术政策》（环发〔2001〕118 号），对我国印染企业的废水处理工作进行了指导；2005 年 10 月，在绍兴市举行了滨海工业园区生态工业示范园的创建会议，并启动了对印染废水的集中处置计划。为了切实实现"十五"计划中的节能减排目标，减轻我国印染企业面临的水污染问题，国家发改委于 2010 年 4 月颁布了《印染行业准入条件（2010 年修订版）》。2012 年 11 月，环境保护部和国家质量监督检验检疫总局联合修订发布了《纺织染整工业水污染物排放标准》（GB 4287—2012），对印染企业规定了相应的排污指标，还对工业废水处理模式进行了进一步的优化，以实现更有效的处理。

近年来，我国工业园区、集聚产业区迅速发展，对废水处理提出了更高的要求，各区域积极探索开发符合各自特点的废水处理方式。"十三五"期间，根据市场发展和国家政策的扶持，我国工业废水处理的市场规模快速扩大。"十四五"时期，我国的工业废水处理产业将会持续稳步发展。党的十八大以来，大力推动生态文明建设，从源头上扭转生态环境恶化的态势，成为当前亟须解决的问题。

二、工业废水排放标准

为贯彻《中华人民共和国环境保护法》《中华人民共和国水污染防治法》和《中华人民共和国海洋环境保护法》，控制水污染，保护水资源，保障人民身体健康，维护生态平衡，促进国民经济和城乡建设的发展，国家环保局与国家技术监督局于 1996 年联合修订颁发了《污水综合排放标准》（GB 8978—1996），并于 1998 年 1 月 1 日起正式实施。该标准按照污水排放去向，分年限规定了 69 种水污染物最高允许排放浓度、部分行业污染物最高允许排放浓度和污水排放定额以及污水分析采样方法。

该标准根据污染物的毒性及对人体、动植物、水环境的影响和控制方式，将工矿企业和事业单位排放的污染物分为两类。

第一类污染物，即会在环境或动植物体内积累、对人体健康产生长期不良影响的污染物，如重金属、类金属砷、苯并（a）芘、放射性物质等，共 13 项。这一类污染物不分行业和污水排放方式，也不分受纳水体的功能类别，一律在车间或车间处理设施排放口采样，其最高允许排放浓度必须达到该标准要求。

第二类污染物，其长远影响小于第一类污染物，如 pH 值、SS、BOD_5、COD 等，共 26 项。按其排放水域的使用功能以及企业性质（如新、扩、改企业或现有企业），分为一级标准值和二级标准值。这一类污染物在排放单位排放口采样，其最高允许排放浓度必须达到该标准要求。

该标准还对部分行业最高允许排放量作了规定，以控制工业企业用水量和工业废水排放量。此外，该标准对混合污水排放标准的计算方法，工业废水污染物的最高允许排放负荷量的计算方法，污染物最高允许年排放总量的计算方法和 69 种污染物的测定方法作了规定。

为控制工业废水污染，我国还制定了皮革、钢铁、磷肥等 30 个行业水污染排放标准。按照国家综合排放标准与国家行业排放标准不交叉执行的原则，有行业排放标准的工业部门应执行国家水污染行业排放标准，如纺织染整工业执行《纺织染整工业水污染物排放标准》（GB 4287—2012）、造纸工业执行《制浆造纸工业水污染物排放标准》（GB 3544—2008）等，其他排放水污染物的行业均执行国家《污水综合排放标准》（GB 8978—1996）。

制定工业废水排放标准的基本精神如下：

①按行业、产品的生产工艺、生产规模、原材料来制定排放标准，以单位产品的主要污染物的排放负荷来表示（如"千克污染物/单位产品"）；

②按新老污染源制定不同的排放标准，对新建、扩建、改建企业要求严格，对现有企业标准略低，限期处理；

③考虑当前我国可行的处理技术水平与国民经济可持续发展的需要，使之互相适应；

④不仅限制污染物的排放量或排放浓度，还限制单位产品的排水量，体现了污染物总量控制的含义；

⑤重视资源与能源的合理利用，考虑工业的水重复利用率与某些工业重点污染物的回收率（如造纸工业的黑液回收率）；

⑥限定含有毒有害污染物质与一般污染物的监测取样地点；

⑦规定污染物的分析检测方法，便于监测、考核，确保标准实施。

提高我国工业企业的环保管理水平，使工业废水排放标准能有效实施，将大大提高我国资源与能源的综合利用水平与水污染控制水平，对经济建设与人民健康带来巨大效益。

三、我国废水处理存在的主要问题

（一）区域发展不平衡

在我国大城市中，尽管环境污染物排放量大，但政府监管部门管理严格，废水处理的达标率较高。但部分二、三线城市和小城镇的工业废水处理率比较低。在一些小城市中，由于经济发展较缓慢，加之一些大城市工业产能转移到小城市，导致小城市工业废水污染日益严重，处理率却不高，解决工业废水污染的需求日益强烈。

各地的工业废水处理设备投资分布不均衡，以山东、江苏、浙江为代表的经济发达、水资源丰富的沿海城市，其投资较为集中，而在东北、中西部的工业废水处理厂建设投资相对薄弱。特别是那些还没有进入工业园区的小规模工业企业，废水处理效果不佳，处理率还有待进一步提高。且有些企业责任心不强，导致部分工业废水没有得到正确的处理，带来的污染问题不容小觑。

（二）技术适用性不强

我国的废水处理技术，基本上是沿用欧美等发达国家的传统处理技术，如活性污泥法、SBR法和氧化沟法。虽然在传统处理工艺基础上有所变形，但仍缺少重大突破。目前我国废水处理设施普遍存在着能耗高、效率低、自控水平低、维修率高等问题。在废水处理回用方面也刚刚起步，在污泥的无害化处理及除臭和进口设备的使用维修等方面还处于落后的水平。

而且目前工业园区的综合废水处理技术缺乏统筹和系统优化，废水处理技术的适应性较差，处理设备负荷率较低，运行达标率低，实际处理效果并不理想。随着"水十条"的颁布和国家对环保工作的重视，要求企业按照相关规定进行工业废水处理，在新规下，新建、改建、扩建工程大部分都配备了废水处理设备。然而据统计，2015 年我国工业废水处理设施的负载率在 49.3% 左右，仍然处于较低水平。

（三）再生综合利用率不高

工业废水回收利用的综合利用程度较低。虽然我国一再强调提高资源化利用率的重要性，但在实际应用中，我国的废水回用效率有待进一步提升，与发达国家的循环利用率相比仍有差距。一方面，人们的用水观念跟不上时代的发展，认为再生水的品质较低，不能满足使用需求，存在安全隐患；另一方面，我国前期对再生水的重视不够，虽然有一系列的政策，但缺少行之有效的激励手段，而且工业企业再生用水标准也需进一步完善，需结合行业特性分类制定标准，强化立法和管理。

（四）管理系统不完善

我国工业废水处理行业起步较晚，缺乏专门人才，一般都是在新建处理厂完成后，对其管理人员和操作人员进行培训。因此，从业人员管理和运营的水准常常不够扎实。许多工业废水处理厂都是一边实践，一边熟悉和提高，导致效率低下。日本的污水处理厂（站）托管制度可以为这一问题的改善提供参考借鉴，但在国内是否具有可行性，还需要相关部门的进一步探讨。另外，除了体制上的保证外，还必须有环保资金的支持，这样才能很好地解决这方面的问题。

第二章 工业废水的预处理

为了保证工业废水的处理效果,尤其是确保后续生物处理工艺能够高效运行,常需采用多种预处理技术来控制工业废水中有毒、有害物质以及微生物无法接纳的物质和油脂等,同时降低水力负荷和有机负荷的波动。本章主要介绍了废水的调节、格栅、气浮法、吹脱与汽提法、混凝法、沉淀法、中和法这几方面内容。

第一节 废水的调节

一、废水调节的过程

无论是工业废水,还是城市污水和生活污水,由于受时间、生产工艺等因素的影响,其水质水量无时无刻不在发生变化。通常情况下,城市污水处理厂具有广泛的服务区域,区内住宅、机关、商城、写字楼等各类建筑物的排水变化规律各不相同,具有互补作用,且区域内市政污水管网和泵站对水量水质有均衡作用,因此市政污水处理厂大多不设调节池。调节池主要在工业废水处理站内用于调节、缓冲进水流量,作为均衡水量、水质、水温、调节 pH 值的预处理构筑物而被大量应用。

废水在调节池中经过均质、均量等作用达到均和目的,这样就减少了废水对后续设备的冲击,可以使废水在整个处理过程中得到充分有效的处理。调节池的容积可根据废水浓度、日排水量和流量变化的规律以及要求的调节均和程度来确定。废水经过一定调节时间后平均浓度为:

$$c = \frac{\Sigma q_i c_i t_i}{\Sigma q_i t_i} \tag{2-1}$$

式中: q_i ——t_i 时段内的废水流量,m^3/h;

c_i ——t_i 时段内的废水平均浓度,mg/L。

调节池所需体积 $V = \Sigma q_i t_i$，它决定于采用的调节时间 Σt_i。当废水水质变化具有周期性时，采用的调节时间应等于变化周期，如一工作班排浓液，一工作班排稀液，调节时间应为两个工作班。如需将出流废水控制在某一合适的浓度以内，可以根据废水浓度的变化曲线用试算的方法确定所需的调节时间。

设备时段的流量和浓度分别为 q_1 和 c_1，q_2 和 c_2，……则各相邻两个时段内的平均浓度分别为 $(q_1 c_1 + q_2 c_2) / (q_1 + q_2)$，$(q_2 c_2 + q_3 c_3) / (q_2 + q_3)$，……如果设计要求达到的均和浓度 c' 均大于任意相邻两个时段内的平均浓度，则需要的调节时间即为 $2t_i$；反之，则继续将 c' 与任意相邻三个时段的平均浓度进行比较，若 c' 均大于各平均浓度，则调节时间为 $3t_i$。以此类推，直至符合要求为止。

最后，还应考虑把调节池放在废水处理流程的什么位置。在某些情况下，将调节池设置在一级处理之后、二级处理之前较为适宜，这样可以减轻废水处理过程中的污泥和浮渣问题。若调节池位于一级处理之前，在设计中则必须考虑污泥排放方式、废水浓度变化，或者设置足够数量的混合设备以防止悬浮物沉淀，有时还应增加曝气以防止产生气味。

例 2-1 由于乳制品行业废水排放不具有连续性和稳定性，某大型乳制品厂在废水处理系统中设计调节池，以求达到出水稳定达标的效果。若设计流量为 Q=5000 m^3/d，停留时间为 T=4.0 h，采用方形调节池，取调节池内有效水深 4 m，要求对调节池进行设计。

解 在周期内的平均流量为：

$$Q = \frac{W}{T} = \frac{5000}{24} = 208.3 \left(m^3 / h \right) \qquad (2\text{-}2)$$

调节池的容积为：

$$V = Qt = 208.3 \times 4 = 833.3 \left(m^3 \right) \qquad (2\text{-}3)$$

池表面积为：

$$A = \frac{V}{h} = \frac{833.3}{4} = 208.3 \left(m^2 \right) \qquad (2\text{-}4)$$

采用方形调节池，池长与池宽相等，则 $L=B$=14.5 m，取 14.5 m。

在池底设集水坑，水池底以 i=0.01 坡度坡向集水坑。

①搅拌设备的选择。为使水质均匀，防止废水中悬浮物沉积，可采用专用设备进行搅拌。搅拌设备的功率一般按 1 m^3 废水 4～8 W 选配，依照该工程调节池的有效容积考虑，设备功率取 5 W。则调节池配潜水搅拌机的总功率为

833.3 × 5=4166.5 W。故选择 3 台潜水搅拌机，每台设备的功率为 1.5 kW，在调节池进水端设 1 台搅拌机，中间部位设 2 台搅拌机。

②提升泵的选择。在调节池的集水坑中安装 3 台自动搅匀潜污泵，两用一备，水泵的基本参数为：水泵流量 Q=145 m^3/h；扬程 H=10 m；配电机功率 N=7.5 kW。

二、实例——工业园区废水处理厂调节池

某工业园区废水处理厂是当地高新技术产业开发区配套建设的废水处理厂，主要处理上游印染企业等的工业废水及少量生活污水。该园区企业类型多样，主要包括印染企业、热电厂、生物科技公司、医药公司等，其中印染企业为园区排水大户，印染废水占总废水排放量的 50% 左右。来水具有可生化性差、盐分高、氯离子浓度高等特点（≥ 2000 mg/L），属于较难生化处理的废水。由于上游企业的生产废水预处理后无法直接达标排放，因此园区配套建设废水处理厂将废水进行集中处理，设计采用工艺流程为预处理—水解—AO 生化处理—芬顿高级氧化—中和脱气—絮凝沉淀—砂滤—消毒，设计处理规模为 3 万 t/d。

工业园区废水处理厂进水值为 COD_{Cr}=450 mg/L、BOD_5=150 mg/L、NH_3-N=35 mg/L、TN=50 mg/L、TP=8 mg/L、SS=200 mg/L、pH 值为 6 ~ 9。处理后出水水质要求为 COD_{Cr} ≤ 50 mg/L、BOD_5 ≤ 10 mg/L、NH_3-N ≤ 5 mg/L、TN ≤ 15 mg/L、TP ≤ 0.5 mg/L、SS ≤ 10 mg/L、pH 值为 6 ~ 9。

该废水处理厂设计调节池使水质均匀，减少水质波动对系统的冲击。调节池平面尺寸为 43.20 m × 36.80 m，有效水深为 5.5 m，HRT 为 6.9 h。配提升泵 3 台（2 用 1 备），Q = 650 m^3/h，H = 16 m，N = 45 kW，含耦合装置；超声波液位计 1 套。控制方式为手动／远程，远程时由液位控制。

该工业园区废水处理厂于 2019 年竣工验收并投入商业运营，已稳定运行至今，日均处理规模为 2.5 万 t/d。由实际进出水水质指标在线检测及水厂化验室测定数据（年平均值）可知，实际进水水质比设计进水水质偏低，该工艺运行效果良好，满足工业废水排放标准。

第二节　格栅

一、格栅的设置

在废水处理中，格栅是一种对后续处理装置具有保护作用的辅助设备，通常设置在废水处理流程之首或泵站的进口处等咽喉位置。

（一）工艺布置

对于普通的工业废水，泵前设置一道格栅即可，栅距可根据水质确定。对于含有较多纤维物的工业废水，如纺织废水等，为了有效去除纤维，常用的格栅工艺：第一道为格栅，第二道为筛网或捞毛机。

（二）格栅设置要求

1.布置要求

格栅安装在泵前的格栅间中，格栅间与泵房的土建结构为一个整体。机械格栅每道不宜少于 2 台，以便维修。当来水接入管的埋深较小时，可选用较高的格栅机，把栅渣直接刮出地面以上。当接入管的埋深较大时，受格栅机械所限，格栅机需设置在地面以下的工作平台上。格栅间地面下的工作平台应至少高出栅前最高设计水位 0.5 m，并设有防水淹措施（如前设速闭闸，以便在泵房断电时迅速关闭格栅间进水）及安全措施和冲洗措施等。

格栅间工作台两侧过道宽度应不小于 0.7 m，机械格栅工作台正面过道宽度不应小于 1.5 m，以便操作。

2.格栅设置

格栅前渠道内水流流速一般为 0.4～0.9 m/s，过栅流速一般采用 0.6～1.0 m/s。当过栅流速太高时可能有一些截留物通过，过低时可能在渠道中造成污染物沉淀。因此，应根据废水最大设计流量时所需流速的上限为准，进行设备选型和格栅间渠道的设计。

机械格栅的倾角一般与水平面呈 60°～90°。人工清捞的格栅在倾角小时更省力，但占地面积大，一般采用 50°～60°。

二、格栅的分类

格栅是由筛网或一组平行的金属栅条以固定间距（15～20 mm）制成的框架，通常斜放在废水流经的渠道或泵站集水池的进口处，以截留水中较大的悬浮物和漂浮物，防止水泵、管道以及后续处理设备的阻塞。

按照栅距（栅条之间的净距）不同，可把格栅细分为三类：粗格栅、中格栅、细格栅。一般采用粗细格栅结合的方式使用。

（一）粗格栅

粗格栅的栅距范围为40～150 mm，常采用100 mm。栅条结构以金属直栅条垂直排列，主要用于拦截去除粗大的漂浮物，一般不设清渣机械，必要时进行人工清渣。

这种粗格栅多应用于地表水取水构筑物、城市排水合流制管道的提升泵房、大型污水处理厂等，隔除水中粗大的漂浮物，如树干等。在此类格栅后一般需要设置栅距较小的格栅，进一步拦截杂物。

（二）中格栅

在废水处理时，中格栅偶尔用作粗格栅，其栅距范围为10～40 mm，常用于工业废水处理的栅距规格为16～25 mm，除个别小型工业废水处理站通过人工清渣的方式处理外，一般都采用机械清渣。

（三）细格栅

栅距范围为1.5～10 mm，常用的栅距为5～8 mm。目前应用的细格栅可以较好地解决栅缝容易堵塞的问题，可有效地清除废水中细小的悬浮物，如毛发、纤维、小塑料袋等，明显改善处理效果，减少初沉池水面的漂浮杂物。

栅条的断面形状有方形、矩形、圆形、半圆形等，其中以圆形栅条受到的水流阻力最小，矩形栅条因刚度好而最常被采用。

按照栅条形状，格栅可分为平面格栅和曲面格栅。平面格栅是使用最广泛的格栅形式，一般由栅条、框架和清渣机构组成，栅条的正面为进水侧。平面格栅由金属材料焊接而成，材质有不锈钢、镀锌钢等。栅条截面形状为矩形或圆角矩形（以减小水流阻力）。曲面格栅只用于细格栅，且应用较少。表2-1列出了常用格栅的分类及特征。

表 2-1 常用格栅的分类及特征

构造类型	形式	栅渣去除、栅面清洗方法
立式格条形格栅	固定手动式	人工耙取栅渣
	固定曝气式	下部曝气、剥离栅渣
	机械自动式	除渣耙自动耙取栅渣
旋转形格栅	外周进水滚筒式	刮板刮取筒外栅渣
	内周进水滚筒式	栅渣自动造粒，靠自重或螺旋排出
曲面格栅	1/4 圆弧式	靠离心力和自重排出

三、格栅的运行维护管理

（一）通风

废水在输送过程中容易腐化，特别是夏季，会产生恶臭有毒气体。这些气体会在格栅间释放出来，不仅严重影响周围环境，而且会损坏值班人员的身体健康。因此，格栅间应采取强制通风措施，必要时应采取化学或者生物方法去除有毒恶臭气体。

机械格栅一般安装在通风良好的格栅间内以保护动力设备的正常运转。大中型格栅间需安装吊运设备，方便栅渣的日常清除和设备检修。

（二）巡检记录

格栅各个部分运行状况应记录在案。检查内容包括电动机绝缘检查，轴承、齿轮发热检查，传动件张紧程度、磨损程度检查，主体构件的变形、磨损、震动检查，钢丝绳损伤程度检查，等等。对每天截留的栅渣量也应进行测量，一般用体积表示。运行人员可根据栅渣量的变化，凭借经验，间接判断格栅的截污效率。

（三）清渣

每日必须进行栅条、除渣耙、栅渣箱及格栅前后水渠等的清理，及时清除栅渣，保持格栅畅通。清污可由过栅水头损失控制，但是值班人员也要经常进行现场巡检，及时清除格栅上的附着物同时定期检查渠道内的沉砂情况，及时清砂并分析排除集砂故障。栅渣要及时清运，栅渣堆放处也要经常清洗，以防止栅渣腐败产生恶臭。

（四）油漆

格栅应该定期油漆保养，一般两年应油漆一次。

（五）故障处理

一旦出现故障，应及时查清原因，及时处理，及时调换和调整。除味剂的齿耙或者链条发生倾斜、缠绕等情况时，不可强行开机，以免损坏，应该清除引发故障的异物并检查正常后再开机。机械清渣格栅的格栅除污机是废水处理站最易产生故障的设备，在日常巡检时，应加强对其故障排查，注意有无异常声音。

第三节　气浮法

一、散气气浮法

散气气浮法是将混合于水中的空气在机械剪切力的作用下粉碎成细小的气泡，从而达到气浮目的的方法。根据气泡粉碎方式的不同，散气气浮法又分为水泵吸水管吸气气浮法、射流气浮法、扩散板曝气气浮法和叶轮气浮法 4 种类型。

（一）水泵吸水管吸气气浮法

水泵吸水管吸气气浮法是最原始的也是最简单的一种气浮方法。此方法具有装置简单等优点，但受水泵工作特性所限制，吸入的空气量不宜过多，通常不超过吸水量的 10%（按体积计），否则会损坏水泵吸水管的负压运行。此外，气泡在水泵内破碎得不够完全，粒度大，因此，气浮效果不好。这种方法用于处理经除油池预处理后的石油废水，除油效率通常为 50% ~ 65%。

（二）扩散板曝气气浮法

扩散板曝气气浮法是早年应用最为广泛的一种散气气浮法。此法比较传统，其原理是压缩空气经过带有微细孔隙的扩散板或微孔管，以细小气泡的形式进入水中进行浮选，扩散板曝气气浮池示意图如图 2-1 所示。扩散板曝气气浮法的优点是简单易行，但也存在形成的气泡较大、扩散板或微孔管的微孔易堵塞、气浮效果不好等缺点，因此该方法近年来已较少被使用。

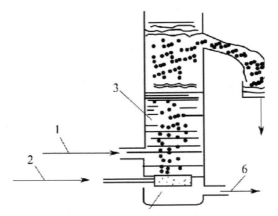

1—进水；2—压缩空气；3—气浮柱；4—扩散板；5—气浮渣；6—出水

图 2-1　扩散板曝气气浮池示意图

（三）叶轮气浮法

叶轮气浮池示意图如图 2-2 所示。气浮池的底部安装有叶轮，叶轮上部设有带导向叶片的固定盖板，固定盖板上设有孔洞。在电动机驱动叶轮转动的过程，固定盖板下方产生负压，使进气管吸入空气。废水从固定盖板上的小孔流入，经叶轮搅拌，水中的空气被粉碎成细小气泡，并充分混合形成水气混合体，甩出导向叶片之外，导向叶片降低了水流阻力，再通过整流板进行稳流，在池体中平稳地垂直上升气浮，形成的泡沫不断地被刮沫板刮出泡沫槽外。

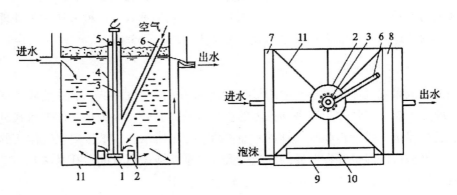

1—叶轮；2—固定盖板；3—转轴；4—轴套；5—轴承；6—进气管；7—进水槽；8—出水槽；9—泡沫槽；10—刮沫板；11—整流板

图 2-2　叶轮气浮池示意图

（四）射流气浮法

射流气浮法是采用以水带气射流器向废水中混入空气进行气浮的方法。射流器构造如图 2-3 所示。废水由喷嘴高速射出在吸入室（负压段）内形成负压，空气从吸气管中吸入，在水气混合体流入喉管段后进行剧烈的能量交换，空气被破碎成微小的气泡，随后进入扩压段（扩散段），动能转化为势能，使气泡进一步压缩，增大其在水中的溶解度，最后进入气浮池中完成气水分离，即气浮过程。

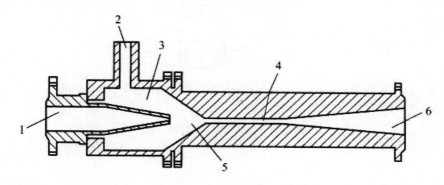

1—喷嘴；2—吸气管；3—吸入室（负压段）；4—喉管段；5—渐缩段；6—扩压段（扩散段）

图 2-3　射流器构造

射流气浮法的优点在于设备简单，便于实施。但由于其缺点是空气被粉碎得不够充分，生成的气泡粒度较大，因此，在供气量一定的情况下，气泡的表面积小，又因为气泡的直径较大，移动速度快，气泡接触被清除污染物质的时间缩短，这些因素均使得射流气浮法无法达到良好的清除效果。

二、电解气浮法

利用电解气浮法对废水进行电解时，阴极上将形成大量的氢气泡。氢气泡直径较小，仅有 20 ～ 100 μm，起着气浮剂的作用。废水中的悬浮颗粒黏附在氢气泡上随其上浮，从而达到净化废水的目的。同时，阳极上电离生成的氢氧化物起混凝剂的作用，可帮助废水中的污染物上浮或者下沉。

电解气浮法优点众多：能产生大量小气泡；在使用可溶性阳极时，气浮过程和混凝过程结合进行；装置构造简单。电解气浮法除具有固液分离的功能外，还有降低 BOD、氧化、脱色和杀菌作用，能较好地适应废水负荷的变化，产生的污泥量少，占地小，无噪声。电解气浮池可分为竖流式（图 2-4）和平流式（图 2-5）两种。

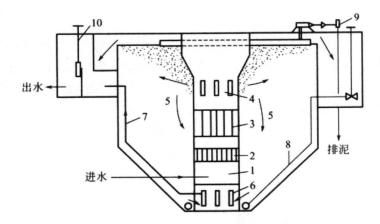

1—入流室；2—整流栅；3—电极组；4—出流孔；5—分离室；6—集水孔；7—出水管；
8—排沉泥管；9—刮渣机；10—水位调节器

图 2-4　竖流式电解气浮池示意图

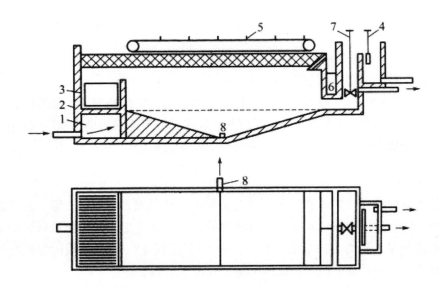

1—入流室；2—整流栅；3—电极组；4—出口水位调节器；5—刮渣机；6—浮渣室；
7—排渣阀；8—污泥排出口

图 2-5　平流式电解气浮池示意图

三、生物及化学气浮法

生物及化学气浮法是指利用微生物代谢过程中产生的气体,达到气浮的目的,或投加能产生气体的化学药剂,利用释放出的气体促使气浮过程发生的方法。

第四节　吹脱与汽提法

一、吹脱与汽提法的基本原理

吹脱法的基本原理是气液相平衡和传质速率理论,这在物理化学和化工原理中均有深入研究。在气液两相系统中,气相内溶质气体的分压正比于液相内该气体的浓度。当该组分的气相分压低于其溶液中该组分浓度对应的气相平衡分压时,就会发生溶质组分由液相到气相的传质过程。传质速度取决于组分平衡分压和气相分压的差值。吹脱过程用于去除废水中的 CO_2、H_2S、HCN、CS_2 等溶解性气体。

汽提法的基本原理与吹脱法的基本一致。汽提法主要适用于废水中高浓度、低沸点挥发性污染物的回收处理,这些挥发性污染物的沸点低于 100 ℃,沸点越低越易于和水直接分离,或者要求这些污染物的密度与水相差越多越好,在水中溶解度越小越好,汽提后在冷凝液中污染物与水分层而得以回收。根据挥发性污染物的性质不同,汽提法分离污染物的原理可分为以下两类:①简单蒸馏。对于与水互溶的挥发性污染物,利用其在气液平衡条件下,气相中的浓度大于液相中的浓度的特点,可通过直接加热蒸汽的方法,使其在共沸点条件下按一定比例富集于气相中;②蒸汽蒸馏。对于在水中不溶或几乎不溶的挥发性污染物,利用混合液沸点比任一组分的沸点都低的特点,能够将高沸点挥发物在较低温度下挥发溢出,得以从废水中分离去除。例如,废水中的酚、硝基苯、苯胺等物质,在低于 100 ℃的条件下,通过蒸汽蒸馏过程可以把它们从废水中有效脱除。

二、吹脱与汽提法在工业废水处理中的应用

(一)吹脱 CO_2

某厂的酸性废水经过石灰石过滤中和后,废水中含有大量的 CO_2 气体,pH 值为 4.2 ～ 4.5。为使废水的 pH 值达到排放标准,需要把废水中的 CO_2 解吸。该厂采用了吹脱池来脱除 CO_2。

吹脱池采用三廊道。每廊道宽为 1 m，长为 6 m，有效水深为 1.5 m。在每廊道一侧的底部安装穿孔曝气管，孔眼直径为 10 mm，间距为 50 mm，曝气强度为 25 ～ 30 $m^3/(m^2·h)$，气水比为 5 ：1，吹脱时间为 30 ～ 40 min。经过处理，废水中 CO_2 浓度由 700 mg/L 降低到 120 ～ 140 mg/L，pH 值由 4.2 ～ 4.5 升高到 6 ～ 6.5，满足了排放标准。

该厂运行过程中遇到的问题是穿孔管容易被中和产物 $CaSO_4$ 堵塞，当废水中含有表面活性物质时，易产生泡沫，影响处理效果。可以采用高压水喷淋或投加消泡剂（如机油）等消泡措施。

（二）吹脱 H_2S

某厂废水中含有 H_2S，采用吹脱塔处理。废水首先经过除油、加热、酸化至 pH 值小于 5，使得游离 H_2S 质量分数达到 100%，再进入吹脱塔吹脱。吹脱后的 H_2S 循环使用。吹脱塔的填料为拉西环，淋水强度为 50 $m^3/(m^2·h)$，空气用量为 6 ～ 12 m^3/t（水）。

（三）吹脱回收 NaCN

某黄金选矿废水中含有氰化钠（NaCN）。氰化钠属于强碱弱酸盐，容易水解成氰化氢，可用吹脱塔进行吹脱。氰化钠先被酸化成氰化氢，经吹脱后再用 NaOH 溶液进行吸收，回收的氰化钠可进行生产回用。氰化氢的运输必须采用真空闭路循环系统，防止泄漏中毒。吹脱塔的淋水密度为 7.5 ～ 10 $m^3/(m^2·h)$，水温为 50 ～ 55 ℃，气水比为 25 ～ 35 ：1，pH 值为 2 ～ 3。

（四）含硫含氨废水的汽提处理

石油炼厂的含硫废水（又称酸性水）中含有大量 H_2S（高达 10 g/L）、NH_3（高达 5 g/L），还含有酚类、氰化物、氯化铵等。一般先采用汽提法回收处理，出水再进行后处理。

含硫废水经隔油、预热（与汽提后的出水进行热交换）到 95 ℃ 左右，从顶部进入 H_2S 汽提塔。蒸汽则从底部送入，与废水逆流接触。在蒸汽上升过程中，H_2S 气体被源源不断地带走，富含硫化氢的蒸汽经冷凝后进入硫化氢产品精制工艺，一般制备成金属硫化物回收；而脱除硫化氢后的废水，用碱调节废水 pH 值高于 11.5，呈碱性，则废水中的 N 主要以 NH_3 分子的形态存在，进入 NH_3 汽提塔除氨，出水达标后，利用余热来预热进水，然后排放或循环利用，而富含氨的蒸汽经冷凝后回收氨，一般采用硫酸吸收后制备硫酸铵。

第五节 混凝法

混凝法是水处理过程中的重要方法之一。所谓混凝，就是在废水中投入化学药剂，通过相应的压缩双电层、吸附电中和、黏结架桥等作用，使水中的胶体粒子和微小悬浮物脱稳并聚集在一起的过程，主要包括混合、凝聚、絮凝三个过程，统称为混凝。絮凝剂与水混合后生成微小絮体、微小絮体再长大成为大絮体的凝聚、絮凝过程又合称为反应。絮凝剂与水混合后生成的絮体被称为矾花。絮凝剂与水中的悬浮杂质反应生成矾花的过程在反应池中进行。

一、混凝工艺

混凝工艺一般由药剂配制投加、混合、反应三个环节组成，其基本流程如图2-6所示。

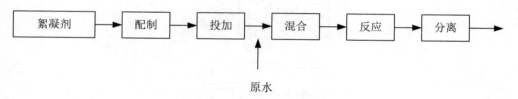

图 2-6 混凝工艺流程图

二、药剂的调制及投配系统

药剂的调制是指在药剂充分溶解后，将浓药液送入溶液池，用清水稀释至一定浓度备用，然后计量投加至混凝设备的过程。

溶液池的容积可按下式计算：

$$W_1 = \frac{24 \times 100 A q_v}{1000 \times 1000 CN} = \frac{A q_v}{417 CN} \qquad (2-5)$$

式中：W_1——溶液池容积，m^3；

q_v——处理的水量，m^3/h；

A——混凝剂的最大投加量，mg/L；

C——溶液浓度，%；

N——每天配置次数，一般为 $2 \sim 6$ 次。

溶解池 W_2 的容积按下式计算:

$$W_2 = (0.2 - 0.3)W_1 \qquad (2-6)$$

(一)混凝剂投配系统

混凝剂投配系统包括药液提升、计量设备(图 2-7 和图 2-8)、投药箱及必要的水封箱以及注入设备等。混凝剂常采用液体投加,其过程包括药剂的搬运、调制、提升、储液、计量和投加。废水处理中的投加方式一般为泵投加。泵投加的方式一是直接用计量泵(柱塞泵或隔膜泵)进行投加,泵上带有计量标志,可调整药液的投量。计量泵投加方式是由泵直接自溶液池内抽取药液送至投药点。二是采用离心泵投加,配以流量计计量。此部分主要涉及调制和投配系统组成和布局、投药点位置的确定,以及计量泵的计算和选择。

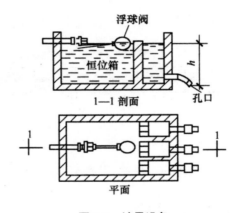

图 2-7　计量设备

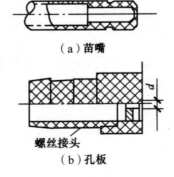

(a)苗嘴

(b)孔板

图 2-8　苗嘴和孔板

（二）投药方式

1. 泵前投加法

泵前投加法是指将药液投加在水泵吸水管或吸水喇叭口处的投药方式。为防止空气进入需设水封箱，如图 2-9 所示。

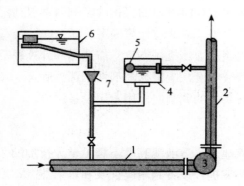

1—吸水管；2—出水管；3—水泵；4—水封箱；5—浮球阀；6—溶液池；7—漏斗管

图 2-9　泵前重力投加

2. 水射器投加法

水射器投加法是指通过利用高压水在水射器喷嘴和喉管之间产生的真空抽吸作用，将药液吸入，并且随水的余压注入废水管中的投药方式。此法设备简单，使用方便，对溶液池的高度限制不大，但是水射器投加法的效率较低，且容易磨损，如图 2-10 所示。

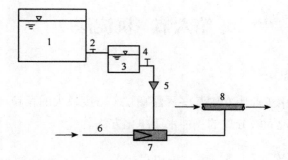

1—溶液池；2—阀门；3—投药箱；4—阀门；5—漏斗；6—高压水管；7—水射器；
8—原水

图 2-10　水射器投加

3. 计量泵投加法

泵投加通常采用计量泵投加法，由水泵直接从溶液池中抽取药液送至投药点，所述投药系统包括溶液池，计量泵和压水管。

（三）混凝剂的调制

①所配制溶液及溶解池和溶液池的容积的影响因素包括配药条件、使用周期、使用浓度溶解、水解速率等，需通过计算确定。

②溶解的方式可采用水力、机械方法，需选择并计算确定。

③混凝剂投配的溶液浓度，应根据药剂性质选择确定。

④聚丙烯酰胺、石灰等的调制应使用专用设备。

（四）提升设备

从溶解池流入溶液池，当溶液池高度不满足重力投加的条件时，均应增设药液提升设备。常用的药液提升设备是耐腐蚀泵和水射器。常用的耐腐蚀泵有耐腐蚀金属离心泵和塑料离心泵，过流部件常选取耐腐蚀的材料。水射器使用方便、设备简单、工作可靠，也是提升设备之一。

（五）投加计量设备

混凝剂投配设备包括计量设备、药液提升设备、投药箱及必要的水封箱和注入设备等。药液计量设备包括转子流量计、电磁流量计、苗嘴、计量泵等，应根据实际情况选用。现有较先进的计量泵带计量功能。计量泵的选择应根据最大投药量计算。

第六节　沉淀法

一、基础知识

沉淀法是利用工业废水中某些悬浮颗粒（密度较大的颗粒）在重力作用下发生沉降，从而实现固液分离的一种水质净化方法。

（一）自由沉淀

在整个自由沉淀过程中，颗粒呈离散状态，相互独立互不干扰（黏合），其形状、尺寸及密度等均不随颗粒的位置发生改变，下沉速度恒定。当废水中悬浮颗粒浓度较低（小于 50 mg/L）时，常发生自由沉淀，如沉砂池、初沉池中的沉淀。

（二）絮凝沉淀

在絮凝沉淀过程中，颗粒之间能发生凝聚或絮凝作用，使较小的悬浮颗粒互相碰撞凝结成大颗粒，颗粒质量逐渐增加，沉降速度也逐渐加快。当废水中悬浮颗粒的浓度比较高（50 ～ 500 mg/L）时常发生絮凝沉淀，如初沉池后期的沉淀、经混凝处理后水中颗粒物的沉淀、生物膜法和活性污泥法二沉池初期的沉淀等。

（三）拥挤沉淀

在拥挤沉淀过程中，颗粒之间互相干扰，在清水与浑水之间形成一个明显的交界面（混液面），并逐渐下移，因此拥挤沉淀又被称为成层沉淀。当废水中悬浮颗粒的浓度很高（大于 500 mg/L）时，常发生拥挤沉淀，如活性污泥法二沉池后期的沉淀、浓缩池上部的沉淀等。

（四）压缩沉淀

在压缩沉淀过程中，颗粒间相互接触并依靠重力作用对下层颗粒进行挤压，使下层颗粒间隙内的液体被挤出界面向上流动，固体颗粒群被浓缩。当废水中悬浮颗粒浓度特别高，以至于可用固体含水率表征时，常发生压缩沉淀，如浓缩池中污泥的浓缩、活性污泥法二沉池污泥斗中的沉淀等。

二、沉淀装置分类

沉淀装置，也称沉淀设施，是依靠重力作用进行固液分离的水处理装置。人们根据研究需要，或为应用方便，对沉淀装置进行分类，提出了不同称谓的沉淀装置。

（一）根据沉淀对象不同分类

根据沉淀对象的不同，可将沉淀装置分为沉砂池和沉淀池两大类型。

1. 沉砂池

沉砂池是以沉淀无机固体为主的沉淀装置，其沉淀物主要是密度较大（约 2.65 g/cm³）的"砂""渣"等无机颗粒。

2. 沉淀池

沉淀池是以沉淀有机固体为主的沉淀装置，沉淀物多为与水的密度差相对较小的"泥"（有机悬浮颗粒物为主）。在废水处理工艺中，也经常根据沉淀装置的用途和工艺布置不同，而将其分为初次沉淀池、二次沉淀池和污泥浓缩池三种类型。

①初次沉淀池：设置在沉砂池之后，作为化学处理与生物处理的预处理，可降低废水的有机负荷。

②二次沉淀池：常设置在化学处理或生物处理工艺后，用于分离化学沉淀物、活性污泥或生物膜。

③污泥浓缩池：设在污泥处理段，用于剩余污泥的浓缩脱水。

（二）根据池内水流及颗粒沉降的方向分类

根据池中废水流动方向与悬浮颗粒沉降方向的不同，沉淀装置可分为平流式沉淀池、竖流式沉淀池、辐流式沉淀池和斜板式沉淀池四种类型。这四类沉淀装置的优缺点和适用情况，如表 2-2 所示。

表 2-2　各类沉淀装置的优缺点及适用情况

池型	主要优点	主要缺点	适用情况
平流式沉淀池	沉淀效果好，对冲击负荷和温度变化的适应能力较强，施工简易，造价较低	配水不易均匀；多斗排泥操作工作量大，链带式刮泥机长期浸于水中容易锈蚀	地下水位高及地质较差地区，大、中、小型水厂均可
辐流式沉淀池	多为机械排泥，其设备已趋定型，运行较好，管理较简单	机械排泥设备复杂，对施工质量要求高	地下水位较高地区，大、中型水厂
竖流式沉淀池	排泥方便，管理简单，占地面积小	池深大，造价高；对冲击负荷和温度变化的适应能力较差；池径不宜过大，否则布水不均匀	小型水厂
斜板（管）式沉淀池	停留时间短，水力条件好，沉淀效率高，占地面积小	斜管费用较高，且 5～10 年后应更换，斜板（管）内可能滋生藻类和积泥；絮凝池必须有良好的絮凝效果	大、中、小型水厂

各种类型的沉淀装置没有绝对的优与劣之分，其在各自适宜的条件下都能获得预期的处理效果和经济效益。因而，在水处理工艺设计时，应充分了解、分析各类沉淀装置的特点和适用条件，以便针对具体情况选用最合适的沉淀装置。

第七节　中和法

一、基本原理

中和法是利用中和作用对废水进行治理的方法。其基本原理是使酸性废水中的 H^+ 与外加 OH^-，或使碱性废水中的 OH^- 与外加 H^+ 相互作用，生成弱解离的水分子，同时生成其他可溶解或难溶解的盐类，从而消除它们的有害作用。中和法主要发生的是酸与碱生成盐和水的中和反应。中和反应遵循当量定律。使用该方法可以对酸性废水和碱性废水进行处理并回收利用，还可以调节废水的 pH 值。由于酸性废水中常常溶解有重金属盐，故经碱中和处理后可生成难溶性的金属氢氧化物。

中和法适用于废水处理中的下列情况：

①废水在排放到受纳水体之前，pH 值指标可能超出排放标准，此时需要采用中和处理的方式调节废水的 pH 值，以减少对水生生物的影响。

②工业废水排入城市污水管网系统前，需进行中和处理，避免废水对管道系统造成腐蚀。对比工业废水混合其他废水后再进行中和处理，在排入城市污水管网前对工业废水进行中和要经济得多。

③化学处理或生物处理过程中，对生物处理而言，需将处理系统的 pH 值维持在 6.5 ～ 8.5 范围内，以确保最佳的生物活力。

中和法因废水的酸碱性不同而不同。对于酸性废水，主要包括酸碱废水相互中和、药剂中和、过滤中和三种方法；对于碱性废水，主要包括酸碱废水相互中和、药剂中和、烟气中和等方法。中和法处理工业废水首先要考虑"以废治废"的原则，优先考虑酸性废水和碱性废水的相互中和，只有当不具备废水相互中和条件时才选择其他方法。选择中和方法时，除了考虑酸性或碱性废水中所含酸类或碱类的性质、浓度、水量及其变化规律外，还应考虑本地中和药剂和滤料（如石灰石、白云石等）的供应情况、接纳废水水体性质、城市下水道容纳废水的条件及后续处理（如生物处理）对 pH 值的要求等因素，要尽量寻找能就地取材的酸性或碱性废料，并尽可能加以利用。

二、常用中和方法

（一）酸碱废水相互中和法

若酸性废水的含酸量为 n_1，碱性废水中的含碱量为 n_2，两种废水流量分别为 $Q_{酸}$ 和 $Q_{碱}$，则中和时要满足：

$$\frac{n_1}{A} = \frac{n_2}{B} \tag{2-7}$$

中和槽容积为：

$$V = (Q_{酸} + Q_{碱})\, t_{停留} \tag{2-8}$$

式中，$t_{停留}$ 为两种废水在中和槽中的停留时间，一般单级中和按停留时间约 $1 \sim 2\,h$ 计算。

如果废水需要用水泵抽升，或有相当长的沟渠或管道可用，则不必设置中和槽。如果 $\dfrac{n_1}{A} \neq \dfrac{n_2}{B}$，则按需要补充酸或碱性药剂。

（二）加药中和法

对于酸性废水（图 2-11），常用的碱性药剂有石灰、石灰石、白云石、苛性钠等，对于碱性废水，常用的酸性药剂有普通的盐酸、硫酸、硝酸，其中以硫酸居多，另外还有采用烟道气来中和碱性废水的，它是利用烟道气中二氧化碳和二氧化硫等酸性成分与碱发生中和反应的一种方法，这种方法同时可以达到消烟除尘的目的，但处理后的废水中，硫化物、色度和耗氧量均有显著增加。

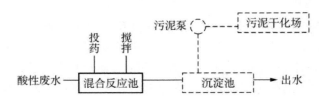

图 2-11　酸性废水投药中和法流程图

中和剂的投加量计算如下：

$$G = (k / p)\,(Qc_1a_1 + Qc_2a_2) \tag{2-9}$$

式中，Q 为酸或碱性废水流量，m^3/d；c_1 为废水中酸或碱的含量，kg/m^3；a_1 为中和 1 kg 酸或碱需的药剂量，kg；c_2 为废水中与试剂反应的杂质的浓度，kg/m^3；a_2 为与 1 kg 杂质反应所需的药剂量，kg；k 为考虑反应不均匀性或不完全的药剂过量系数；p 为药剂有效成分的百分含量，%。

在选择合适的中和药剂时，不仅要考虑药剂本身的反应速度、溶解性、成本、使用方法以及是否产生二次污染等因素，而且还需考虑中和产物的性状、数量以及处理费用。

此法的优点是能对任何性质、任何浓度的酸碱废水进行中和处理，允许废水中含有较高浓度的悬浮物，中和剂利用率高，反应过程易控制等；缺点是建筑投资大，产物呈沉淀时处理麻烦，操作中劳动强度大，条件差，维护管理麻烦。

（三）过滤中和法

过滤中和法是利用难溶性的中和药剂为原料，使酸性或碱性废水通过，达到中和目的的一种方法。采用此法时，首先需对废水中悬浮物、油脂等进行预处理，以防堵塞；滤料颗粒直径不宜过大，颗粒越小则滤料的比表面积越大，和废水接触越充分；失效的滤渣要及时清理或更换；滤料的选择与中和产物的溶解度密切相关，因为中和反应主要发生在滤料颗粒的表面，如果中和产物的溶解度很小，则会在滤料表面形成不溶性的硬壳，阻止中和反应继续进行。盐酸和硝酸的钙盐、镁盐的溶解度较大，因此对于含有盐酸或硝酸的废水，可将大理石、石灰石、白云石等粉碎到一定粒度作为滤料；碳酸盐的溶解度都较低，则在中和含有碳酸的废水时，不宜选用钙盐作为中和剂；硫酸钙的溶解度很小，硫酸镁的溶解度则较大，因此，中和含硫酸的废水最好选用含镁的中和滤料（如白云石等）或含镁的废渣。

工业上也有利用酸性或碱性的废渣作为滤料的中和方法。例如，用酸性废水喷淋锅炉灰渣，也能达到一定的中和效果。

过滤中和常用的设备为普通中和滤池、升流式膨胀中和滤池。其中，普通中和滤池采用固定床的形式，可分为平流式和竖流式，目前多采用竖流式。其中，竖流式又包括升流式和降流式两种，如图 2-12 所示。

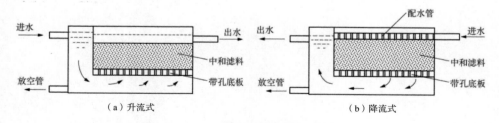

（a）升流式　　　　　　　　　　　　　（b）降流式

图 2-12　竖流式普通中和滤池

升流式膨胀中和滤池采用流化床形式，其中恒速升流式膨胀中和滤池结构如图 2-13 所示。

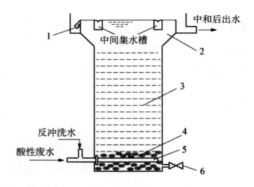

1—环形集水槽；2—清水区；3—石灰石滤料；4—卵石垫层；5—大阻力配水系统；6—放空管

图 2-13　恒速升流式膨胀中和滤池

第三章　工业废水的生物处理

生物法是利用微生物的代谢作用分解废水中污染物的废水处理方法。微生物的新陈代谢可以降解废水中呈溶解或胶体状态的污染物，使其转化为无害物质，使废水得以净化。工业废水的生物处理是一种对水环境条件友好的废水处理方法，其处理成本较低，可有效去除废水中碳、氮、磷等营养元素。本章主要介绍了厌氧生物处理技术、好氧生物处理技术、膜生物反应器技术、生物脱氮除磷技术、其他生物处理技术、污泥的处理与处置这几方面内容。

第一节　厌氧生物处理技术

一、厌氧发酵机理

在厌氧发酵过程中，微生物按一定的顺序降解有机物。首先，水解微生物把大分子物质如多糖和蛋白质降解成小分子物质，其中，大分子物质的减少不会引起 COD_{Cr} 的降低。然后小分子物质转化为脂肪酸（VFA）和少量 H_2，VFA 主要是乙酸、丙酸、丁酸和少量戊酸，在此酸化阶段，COD_{Cr} 有少量减少，某些 COD_{Cr} 还原时还会产生大量 H_2，但很少超过 10%。比乙酸更高级的酸都会被乙酸菌转化为乙酸盐和氢气。譬如，丙酸转化为乙酸的反映方程式：

$$C_3H_6O_2 + 2H_2O \rightarrow C_2H_4O_2 + CO_2 + H_2 \qquad (3\text{-}1)$$

这个反应中，COD_{Cr} 的还原以形成 H_2 的形式表现出来。只有 H_2 的浓度很低时，上述反应才会发生。

最后，乙酸和氢气被甲烷菌转化为甲烷。

①乙酸转化为甲烷的反应方程式：

$$CH_3COO^- + H_2O \rightarrow HCO_3^- + CH_4 \qquad (3\text{-}2)$$

$$C_2H_4O_2 \rightarrow CO_2 + CH_4 \qquad (3\text{-}3)$$

②氢气转化为甲烷的反应方程式：

$$HCO_3^- + 4H_2 \rightarrow CH_4 + OH^- + 2H_2O \qquad (3-4)$$

图 3-1 描述了有机物被分解为甲烷和二氧化碳的过程。

典型厌氧过程处理可溶性工业废水的污泥负荷一般为 1 kg（COD_{Cr}）/［kg（MLVSS）·d］。甲烷丝菌属的污泥负荷低，所以它在低乙酸盐浓度系统中占支配地位。在高负荷系统中，如果存在微量元素如铁、钴、镍、钼、硒、钙、镁和浓度为 μg/L 数量级的维生素 B，污泥负荷比较高的甲烷八叠球菌属（为甲烷丝菌属的 3～5 倍）在系统中起支配作用。

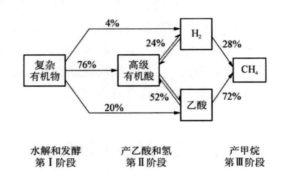

图 3-1　有机物厌氧分解模式示意图

厌氧降解一般遵循莫诺（Monod）动力学方程：

$$\frac{dS}{dt} = \frac{k_{max}SX}{k_s + S} \qquad (3-5)$$

式中，$\dfrac{dS}{dt}$ 为基质利用率，mg/（L·d）；k_{max} 为最大比基质利用率，g（COD）/[g（MLVSS）·d]；S 为出水浓度，mg/L；X 为生物浓度，mg/L；k_s 为半饱和浓度，mg/L。

劳伦斯 - 麦卡蒂（Lawrence-McCarty）实验发现，式（3-5）中常数在不同温度下的标准值如表 3-1 所示。

表 3-1　厌氧降解不同温度下的 Monod 方程常数标准值

温度 /℃	K_{max} / d^{-1}	K_s /（mg / L）
35	6.67	164
25	4.65	930
20	3.85	2130

沼气发酵中产生的微生物数量取决于废水的浓度、废水的性质以及生物固体停留时间，进入需氧系统后，产生的细胞部分会被内源代谢破坏掉。

微生物细胞产率可以利用式（3-6）求得：

$$\Delta X_V = aS_r - bX_d X_V t \qquad (3\text{-}6)$$

式中，ΔX_V 为溶解性有机物（基质）生物降解所生成的微生物量，kg（MLVSS）/d；S_r 为被去除的溶解性有机物，即生物处理系统进出水 BOD 或 COD 之差，mg/L；X_v 为 MLVSS 浓度，mg/L；X_d 为微生物可降解分数；t 为 V/Q，水力停留时间，d；a 为降解单位质量有机物合成为微生物的分数，即污泥产率；b 为内源呼吸速率常数，d^{-1}。

结合麦卡蒂-瓦思（McCarty-Vath）实验结果，可求得不同有机物降解时，微生物生成量：

氨基酸和脂肪酸：$A = 0.054F - 0.038M$

碳水化合物：$A = 0.46F - 0.088M$

肉汤培养：$A = 0.076F - 0.014M$

式中，A 为积累的生物固体量，mg/L；M 为混合液 MLVSS 浓度，mg/L；F 为微生物降解的 COD，mg/L。

二、厌氧接触池的设计

厌氧接触池的设计内容主要包括池容的计算、浮渣清除系统的设置，以及沼气收集和储存系统的设计三部分。

（一）池容的计算

池容的计算可采用有机底物容积负荷率、有机底物污泥负荷率和污泥龄等方法。

1. 按有机底物容积负荷率计算池容

厌氧接触池单位容积每日承受的有机物量为其有机底物的容积负荷率，则按有机底物容积负荷率计算池容的公式为：

$$V = \frac{QS_0}{N_V} \ (\text{m}^3) \qquad (3\text{-}7)$$

式中，V 为厌氧接触池容积，m^3；Q 为进水流量，m^3/d；S_0 为进水有机底物浓度（以 COD_{Cr} 或 BOD_5 表示），kg（COD_{Cr}）/m^3 或 kg（BOD_5）/m^3；N_V 为有机底物的容积负荷率，kg（COD_{Cr}）/（$\text{m}^3 \cdot \text{d}$）或 kg（$BOD_5$）/（$\text{m}^3 \cdot \text{d}$）。

由于工业废水中污染物种类变化很大，相应有机底物容积负荷率 N_v 的值要依据同种废水或实验室实测来取得。

2. 按照污泥龄计算池容

按照污泥龄计算厌氧接触池池容时，一般采用式（3-8）计算：

$$V = \frac{\theta_c YQ(S_0 - S_e)}{X(1 + K_d\theta_c)} \quad (3\text{-}8)$$

对于不同类型的废水，需要通过经验或实验确定恰当的污泥产率系数 Y、衰减系数 K_d、污泥龄 θ_c 和合适的厌氧污泥浓度 X。而 θ_c 可参考 McCarty 教授推荐的最小污泥龄 $(\theta_c)_{min}$（表 3-2），然后再乘以安全系数 $5 \sim 6$ 来选取。污泥浓度 X（MLVSS）可取 $3 \sim 6$ g（VSS）/L，较高时可取 $5 \sim 10$ g（VSS）/L。

表 3-2　不同消化温度时最小固体停留时间

消化温度 /℃	18	24	30	35	40
最小污泥龄 $(\theta_c)_{min}$ /d	11	8	6	4	4

（二）浮渣清除系统的设置

在处理含蛋白质或脂肪较高的工业有机废水时，蛋白质或脂肪的存在会促进泡沫的产生和污泥的漂浮，在集气室和反应器的液面可能形成一层很厚的浮渣层，对正常运行造成干扰。

在浮渣层不能避免时，应采取以下措施由集气室排除浮渣层：①通过搅拌使浮渣层中的固体物质下沉；②采用弯曲的吸管通入集气室液面下方，并沿液面下方慢慢移动来吸出浮渣；③通过同一根弯管定期进行循环水冲洗或产气回流搅拌浮渣层，使其固体沉降，此时必须设置冲洗管或循环水泵（气泵）。

为了防止浮渣引起出水管堵塞或使气体进入沉降室，除上述措施外，还可以通过设计水封装置来控制气液界面的稳定高度。水封高度计算如下：

$$H = H_1 - H_m = (h_1 - h_2) - H_m \quad (3\text{-}9)$$

式中，H_1 为集气室气液界面至沉降区上液面的高度；H_m 为反应器至储气罐全部管路管件阻力引起的压力损失和储气罐内压头和；h_1 为集气室顶部至沉降区上液面的高度；h_2 为集气室气液界面至集气室顶部的高度。

（三）沼气收集和储存系统的设计

高浓度有机废水厌氧消化时均会产生大量沼气，故在设计时必须同时考虑相应沼气的收集储存等配套设施。

糖类、脂类和蛋白质等有机物经过厌氧消化转化为甲烷和二氧化碳等气体，统称为沼气。产生沼气的数量和成分，取决于被消化的有机物的化学组成。可用式（3-10）进行估算：

$$C_nH_aO_bN_d + \left(n - \frac{a}{4} - \frac{b}{2} + \frac{3d}{4}\right)H_2O \rightarrow$$

$$\left(\frac{n}{2} + \frac{a}{8} - \frac{b}{4} - \frac{3d}{8}\right)CH_4 + \left(\frac{n}{2} - \frac{a}{8} + \frac{b}{4} + \frac{3d}{8}\right)CO_2 + dNH_3 \quad（3-10）$$

式（3-10）的计算结果代表有机底物完全厌氧消化可得的沼气量。一般 1 g BOD_5 理论上在厌氧条件下完全降解，可以生成 0.25 g CH_4，相当于标准状态下体积为 0.35 L 的甲烷气体。由于部分有机底物要用于合成微生物，一部分沼气会溶于水中，故实际沼气产量要比理论值小。一般来说，糖类物质厌氧消化的沼气产量较少，沼气中甲烷含量也较低。脂类物质沼气产量较高，甲烷比例也较高。正常运行的反应器产生的沼气中甲烷占 50% ～ 70%，二氧化碳占 20% ～ 30%，其余是氢、氮和硫化氢等气体。同时还含有饱和水蒸气，其含量可通过不同温度下水蒸气分压计算得到。

第二节 好氧生物处理技术

一、活性污泥法

（一）基本知识

1. 定义

活性污泥法即通过人工强化措施，使反应器中保持一定的溶解氧及一定的微生物浓度，通过微生物与工业废水中污染物的长期接触，使微生物消耗吸收其中的有机物用于生长繁殖，从而使废水得到净化。

2. 活性污泥的形态和组成

活性污泥主要由絮体形态的微生物组成。絮体大小一般在 $0.02 \sim 0.2$ mm，呈不定形状，微具土壤味，活性污泥具有较大的比表面积，一般在 $2000 \sim 1000$ m^2/m^3。

活性污泥主要由具有代谢功能的活性微生物群体、微生物内源呼吸和自身氧化的残留物、被污泥絮体吸附的难降解有机物、被污泥絮体吸附的无机物组成。

活性污泥的净化功能主要取决于栖息在活性污泥上的微生物，包括细菌、真菌、原生动物和后生动物等，其中以细菌为主体。这些微生物群体组成了一个相对稳定的生态系统。

3. 活性污泥法的基本原理

活性污泥法净化废水包括三个主要过程。

（1）吸附

在活性污泥系统里，当废水与污泥接触后很短时间（$10 \sim 40$ min）内就出现了很高的有机物（BOD）去除率。这个初期高速去除现象是由吸附作用引起的。由于污泥表面积很大（介于 $2000 \sim 1000$ m^2/m^3 混合液），且表面具有多糖类黏质层，因此可以认为废水中悬浮和胶体物质是被絮凝和吸附去除的。

（2）微生物代谢作用

活性污泥微生物以废水中各种有机物为营养，在有氧的条件下，将其中一部分有机物合成新的细胞物质（原生质）；对另一部分有机物则进行分解代谢，即氧化分解以获得合成新细胞所需要的能量，并最终形成 CO_2 和 H_2O 等稳定物质。

（3）絮凝体的形成与凝聚沉淀

絮凝体是活性污泥的基本结构，它能够防止微型动物对游离细菌的吞噬，并承受曝气等外界不利因素的影响，更有利于与处理水的分离。凝聚的原因主要是细菌体内积累的聚 β-羟基丁酸释放到液相，促使细菌间相互凝聚，结成绒粒，同时，微生物摄食释放的黏性物质促进凝聚。

（二）活性污泥法的基本工艺流程

传统活性污泥法的工艺系统主要由曝气池、曝气装置、二次沉淀池、污泥回流系统和剩余污泥排放系统组成，如图 3-2 所示。分述如下：

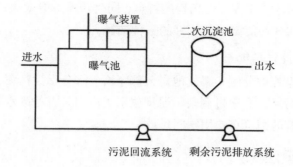

图 3-2 传统活性污泥法的工艺系统组成

1. 曝气池

曝气池是由微生物组成的活性污泥与废水中的有机污染物质充分混合接触，进而将其吸收并分解的场所，它是活性污泥法工艺系统的核心。曝气池有推流式和完全混合式两种类型。推流式是在长方形的池内，废水和回流污泥从一端流入，水平推进，经另一端流出。完全混合式是废水和回流污泥一进入曝气池就立即与池内其他混合液均匀混合，使有机污染物浓度因稀释而立即降至最低值。

2. 曝气装置

曝气装置的作用是向曝气池供给微生物增长及分解有机污染物所必需的氧气，同时进行混合搅拌，使活性污泥与有机污染物质充分接触。曝气装置总体上可分为鼓风曝气装置和机械曝气装置两大类。

3. 二次沉淀池

二次沉淀池的作用是使活性污泥与处理完的废水分离，并使污泥得到一定程度的浓缩。二次沉淀池内的沉淀形式较复杂：沉淀初期为絮凝沉淀，中期为成层沉淀，而后期则为压缩沉淀，即污泥浓缩。二次沉淀池的结构形式同次沉淀池一样，可分为平流沉淀地、竖流沉淀池和辐流沉淀池。

4. 污泥回流系统

污泥回流系统把二次沉淀池中沉淀下来的绝大部分活性污泥再回流到曝气池，以保证曝气池有足够的微生物浓度。污泥回流系统包括污泥回流泵和污泥回流管道或渠道。污泥回流泵的形式有多种，有一般的离心泵、潜水泵，也有螺旋泵。螺旋泵的优点是转速较低，不易打碎活性污泥絮体，但效率较低。污泥回流泵的选择应充分考虑大流量、低扬程的特点，同时转速不能太快，以免破坏絮体。近年来出现的潜水式螺旋桨泵是较好的一种选择。

5. 剩余污泥排放系统

随着有机污染物被分解，曝气池每天都净增一部分活性污泥，这部分活性污泥称为剩余活性污泥，应通过剩余污泥排放系统排出。有的废水处理厂用泵排放剩余活性污泥，有的则可直接用阀门排放。

二、生物膜法

（一）生物膜法处理过程

生物膜法的处理过程是采用人为措施，优化微生物菌群、原生及后生动物等微型动物在载体上附着生长的条件，形成生物膜，通过同废水中的底物不断接触，借吸附、传质、生物代谢等活动对废水进行净化。生物膜法主要用于去除废水中溶解性有机污染物，对水质、水量变化的适应性较强，运行管理方便，是工业废水处理中被广泛采用的生物处理方法之一。

生物膜法的处理过程具有如下特征：

①对环境条件适应能力强。生物膜中的微生态结构完善，微生物生存环境稳定，故生物膜反应器对废水的水质、水量的冲击负荷耐受能力较强。生物膜对环境的强适应能力还表现为对低水温和低浓度废水的适应性，适于在寒冷地区应用。

②污泥沉降性好。由生物膜上脱落下来的衰老生物膜所含的生物成分较多，密度较大，而且污泥颗粒个体较大，沉降性能良好，易于固液分离。

③处理效能稳定。生物膜中微生态结构丰富，微生物量大、活性较强，能提供多种污染物质转化和降解途径，处理效能稳定。

④易于维护和管理。由于生物膜反应器不需要污泥回流，微生物附着生长，即使丝状菌大量生长，也不会导致污泥膨胀，易于维护和管理。

（二）曝气生物滤池

曝气生物滤池是集生物降解、固液分离于一体的废水处理设施。曝气生物滤池底部设承托层，其上部则是滤池的填料层。在承托层设置曝气用的空气管及空气扩散装置，处理水集水管兼作反冲洗水管也设置在承托层内。废水从池上部进入池体，并通过由填料组成的滤层，在填料表面由微生物栖息形成生物膜。在废水流过滤层的同时，由池下部通过空气管向滤层进行曝气，空气从填料的间隙上升，与下向流的废水相向接触，空气中的氧转移到废水中，向生物膜上的微生物提供充足的溶解氧和丰富的有机物。在微生物的新陈代谢作用下，有机污染物被降解，废水得到处理。废水中的悬浮物及由生物膜脱落形成的生物污泥，被填料所截留。当滤层内的截污量达到某种程度时，对滤层进行反冲洗，反冲水通过反冲水排放管排出。

曝气生物滤池的工艺设计内容是确定滤床总体积、面积和高度。通常，负荷率是影响处理效率的主要因素。可以按负荷率进行设计计算，或经过试验后用经验公式计算。生物滤池的负荷率包括有机负荷［$kgBOD_5/（m^3$-d）］、水力负荷［$m^3/（m^3$-d）］和表面水力负荷［$m^3/（m^2$-d）］等。

工业废水处理中经常采用有机负荷计算滤床总体积。在计算时，应注意采用的有机负荷应与设计处理效率相对应。如没有同类型工业废水处理可以借鉴，则应经过试验确定其设计负荷率。试验生物滤池的滤料和滤床高度应与实际工程相一致。影响曝气生物滤池处理效率的因素很多，除负荷率之外，还有废水浓度、温度、滤料特性和滤床高度。对于有回流的滤池，则还有回流比。

（三）生物接触氧化法

生物接触氧化法较为广泛地应用在中小型工业废水处理中，可用于净化工业废水中游离性或挥发性有机物，基本原理与一般的吸附生物膜法大致相同，通过多种活性微生物氧化吸收或直接分解有机物，使高浓度工业废水得到深度净化。

1. 生物接触氧化池的构造

典型的生物接触氧化池由填料层、进出水装置、布气装置和排泥装置组成。其中，填料层是生物接触氧化池的关键组成部分。要求填料具有以下特点：比表面积大、空隙率大、水力阻力小、强度大、化学和生物稳定性好、能经久耐用、价格低廉。至今生物接触氧化填料已从最初采用塑料硬性填料、软性纤维填料发展为组合填料、弹性立体填料和悬浮填料等。

2. 工艺设计参数

生物接触氧化池工艺设计的主要内容是确定池子的有效容积和尺寸、填料体积、供气量和空气管道系统计算等。目前一般根据容积有机负荷率来计算池子容积。生物接触氧化池的填料有效高度一般在 3 m 左右，由此可按池子容积确定池体表面积及尺寸。对于工业废水，最好通过试验确定有机负荷率，也可审慎地采用经验数据。

（四）生物流化床

生物流化床通常是以填料作为细菌附着的载体进行挂膜，反应器中的填料总密度一般与工业废水密度比较接近，在水流或气流的推动下填料呈流化状态，与工业废水混合均匀并充分接触。生物流化床的处理负荷较高，微生物种群结构十分丰富，载体的内外壁会交替生长不同类型的微生物，内部通常为厌氧菌群或兼性耐氧菌，外部为好氧菌，利用好氧菌和厌氧菌的作用能同时进行硝化和反硝化反应，有利于提高工业废水的处理效果。

在生物流化床的基础上发展出新型的移动床生物膜反应器（Moving Bed Biofilm Reactor，MBBR），其兼具生物流化床和生物接触氧化法等工艺的多种优点，不需设污泥回流和反冲洗设备，占地面积小，易于与其他工艺耦合。MBBR 可用于废水处理系统升级改造，在基本不额外增加建筑物成本的前提下，能够持续有效提升工业废水生化处理单元的污染物去除净化能力，满足目前较高的工业废水排放标准。

第三节　膜生物反应器技术

一、膜生物反应器的类型

膜生物反应器（Membrane Bio-Reactor，MBR）的类型可根据膜组件与生物反应器的组合类型以及膜组件的类型进行划分。

（一）膜组件与生物反应器组合类型

在废水处理中，膜生物反应器主要用于固 - 液分离系统。膜生物反应器根据膜组织与生物反应器的组合类型可分为分置式和一体式两种类型。

如图 3-3 所示为分置式膜生物反应器工艺流程图。在分置式膜生物反应器中，膜组件完全独立于生物反应器。进水进入含有微生物的生物反应器之中，活性污泥和废水的混合液被泵送入环路中的膜组件中，透过液被排走，截留液又回到生物反应器中。限制膜操作的膜驱动压力和错流速率均由泵产生。分置式膜生物反应器的优点：系统改造时，膜组件及相应设备便于调整；便于膜组件的清洗。

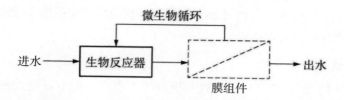

图 3-3　分置式膜生物反应器工艺流程图

如图 3-4 所示为一体式膜生物反应器工艺流程图。在一体式膜生物反应器中，膜组件浸没在生物反应器的活性污泥和废水混合液中。其与分置式膜生物反应器的不同之处是膜组件对固、液的分离是在生物反应器中进行的，该过程不需要环路。这时膜过滤的驱动压力由高于膜组件的水头提供。有些系统中还增加一台抽吸泵来提高膜驱动压力。

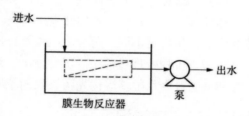

图 3-4　一体式膜生物反应器工艺流程图

（二）膜组件类型

1. 按膜分离物质的特性划分

根据膜分离物质的特性可将膜组件分为致密膜和有孔膜两类。致密膜可以从水中去除离子，主要有反渗透膜、电渗析膜和纳滤膜；有孔膜是通过筛分作用实现物质分离的，其概念上接近于过滤过程，主要有超滤膜（孔径为 2 nm ～ 0.1 μm）和微滤膜（孔径为 0.1 ～ 10 μm）。在膜生物反应器中，有孔膜较为常用，膜生物反应器中的多孔膜截留了悬浮固体物质（主要是微生物），实现了泥、水分离。超滤膜可以去除胶体和溶解性大分子物质；微滤膜只能去除悬浮物质，最小颗粒尺寸在 0.05 μm 左右。

2. 按膜组件的材料

根据膜组件的材料组成可将膜组件分为有机膜（聚合物）和无机膜（陶瓷和金属）两类，其中有机膜又包括聚砜（PS）、聚醚砜（PES）、醋酸纤维（CA）、聚乙烯（PE）、聚丙烯腈纤维（PAN）等，工程中往往根据废水处理工艺的要求选择膜组件的材料及物理结构。

3. 按膜组件的构型划分

膜组件从构型上又可分为管式、板框式、卷式、中空纤维式和毛细管式。而膜生物反应器用于处理废水时多用管式、板框式和中空纤维式，膜组件置于活性污泥反应池中时，多用中空纤维式；膜组件置于活性污泥反应池之外时，多用管式和板框式。

4. 按膜的作用类型划分

膜是一种能够让某种物质比其他物质更容易通过的材料，膜的这种选择透过性奠定了膜分离的基础。因此选择或者设计膜分离系统时，不仅要求膜具有足够的机械强度，能够维持高的膜通量，还要有高的选择度。相对应的膜材料物理结构应该为膜厚度要薄，孔径尺寸分布要窄，表面孔隙率要高。

膜生物反应器按照膜的作用类型不同，可分为三大类：用于固体分离与截留的分离膜生物反应器（相当于生物处理过程中的沉淀池）、用于反应器中无泡曝气的曝气膜生物反应器和从工业废水中萃取优先污染物的萃取膜生物反应器。

二、膜生物反应器的工艺过程

（一）工艺过程的定义

膜生物反应器分为分置式和一体式，对于分置式膜生物反应器而言，膜组件主要起到类似二次沉淀池、水分离的沉降和过滤作用；对于一体式膜生物反应器而言，膜组件中存在生物净化、沉降和过滤等各种过程，这是膜生物反应器区别于其他普通膜滤过程的特点。此处主要讨论一体式膜生物反应器的工艺过程。

1. 膜通量

膜通量是指单位时间单位膜面积通过的物质体积，单位为 $m^3/(m^2 \cdot s)$，或者 m/s，因此膜通量也称为渗透速度。膜通量由驱动力和总阻力两方面决定，总阻力由膜本身和膜临近区域产生。未污染的膜本身阻力是固定的，膜临近区域产生的阻力是进水组分和渗透通量的函数。

2. 过滤方式

大多数膜滤过程有三种液流：进料液、截留液和透过液。截留液是未经渗透的产物，若流程中无截留液，则该流程为死端过滤或者全程过滤，此时进水垂直通过膜表面，在进水侧膜表面逐步产生滤饼层，透过液从另一侧膜表面流出。另一种可以替代死端过滤的工艺是错流过滤，在错流过滤中，进水流与膜表面平行，污染物质从膜和液体之间的界面上被去除，错流产生截留液。膜的选择透过性越强，水力阻力越大，故实际操作中，倾向于采用错流过滤而非死端过滤；微滤和超滤可以采用死端过滤，而纳滤和反渗透则不能采用死端过滤。

（二）工艺过程的分析

由于一体式膜生物反应器中膜组件的作用过程更能区别于单独的膜滤过程，故此处对膜生物反应器工艺过程的分析主要针对一体式膜生物反应器。

1. 驱动力及其影响因素

与萃取膜和气体传质膜组件的驱动力为浓度梯度不同，废水处理中的膜组件驱动力主要包括两方面：压力梯度，驱动力为静液压差、泵的抽吸压力或出水压力；浓度梯度的驱动作用也或多或少存在。

这种膜组件驱动力的影响因素主要包括以下四种：①膜表面区域截留溶液的浓度或者透过离子的浓度；②膜表面区域离子浓度的递减；③膜表面大分子类物质的沉积进而形成凝胶层，以及固体物质的积累；④膜表面或膜内部污染物质的积累。

①②两种影响为浓差极化；③④两种影响为凝胶极化。

2. 质量传递及其控制

在膜组件处理废水的流程中，有两种最重要的物质传递机制：对流与扩散。混合液流动引起对流，其中也包含扩散传递，流速高时为紊流，物质传递效率高；单个离子、原子或者分子的热运动产生布朗扩散，扩散速度取决于浓度梯度和组分的布朗扩散系数，扩散速度随着颗粒尺寸的减小而增大。

描述膜组件的传质机理时，可以把膜本身引起的水力阻力与泥饼层或者污染层引起的水力阻力简单相加，在给定压力下，求取通过两层介质的膜通量——膜的质量传递和泥饼层的质量传递。

（1）膜的质量传递控制计算

在最简单的运行条件下，流体阻力完全来自膜组件。对于孔隙介质，膜通量为：

$$J = \frac{\Delta p}{\mu R_m} \tag{3-11}$$

式中，J 为膜通量，m/s；Δp 为膜操作压力；μ 为流体黏度；R_m 为膜阻力。

对于微孔膜，特别是微滤膜，膜孔阻力为：

$$R_m = \frac{K \left(1 - \varepsilon_m \right)^2 S_m^2 l_m}{\varepsilon_m^3} \qquad （3-12）$$

式中，ε_m 为孔隙率；S_m 为孔表面积与孔体积之比；l_m 为膜的厚度；K 为常数，在理想圆柱孔时，$K=2$，并随几何形状的不同而不同。

（2）泥饼层的质量传递控制计算

界面附近区域污染物质的积累引起的附加阻力可以简单地把污染层阻力 R_c 加到膜阻力上，则得到：

$$J = \frac{\Delta p}{\mu \left(R_m + R_c \right)} \qquad （3-13）$$

在死端过滤条件下：①所有引起 R_c 的悬浮固体均由膜截留；②泥饼层的水力阻力不随时间变化而变化，R_c 与滤液体积呈线性关系。在这种条件下，R_c 计算式与式（3-12）相似，为：

$$R_c = \frac{K' \left(1 - \varepsilon_c \right)^2 S_c^2 l_c}{\varepsilon_c^3} \qquad （3-14）$$

式中，K' 在形状为圆柱形时的值为 5。

另外，在错流操作中，一旦泥饼层或者污染层保持在膜表面的黏滞力与作用于水动力学边界层及其附近的剪切力达到平衡时，阻力就达到一个稳定的常量值。这样看来，如果有足够的数据，并采用试验测量或者根据式（3-14）推导计算出泥饼层或者污染层的水力阻力的话，那么从式（3-13）就可以计算出稳态下的流量。但是在实际错流过滤系统中，因为泥饼层性质和膜本身性质都在改变，所以膜通量都是不可避免地随时间而减少的。

第四节　生物脱氮除磷技术

一、基本原理

厌氧－缺氧－好氧（A2/O）生物脱氮除磷工艺流程如图 3-5 所示。该工艺在厌氧－好氧除磷工艺中加入缺氧池，将好氧池流出的一部分混合液流至缺氧池的前端，以达到反硝化脱氮的目的。

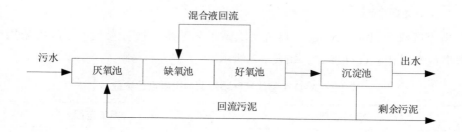

图 3-5　厌氧－缺氧－好氧生物脱氮除磷工艺流程

在厌氧池中主要是进行磷的释放，使废水中的磷的浓度升高，溶解性的有机物被细胞吸收而使废水中的 BOD 浓度下降。另外，一部分的氨氮（NH_3—N）因细胞的合成而去除，使废水中的 NH_3—N 浓度下降。

在缺氧池中，反硝化细菌利用废水中的有机物作碳源，将回流混合液中带入的大量硝态氮（NO_3^-—N）和亚硝态氮（NO_2^-—N）还原为 N_2 释放到空气中，因而 BOD 浓度继续下降，NO_3^-—N 浓度大幅度下降，而磷的浓度没什么变化。

在好氧池中，有机物继续被微生物生化氧化，浓度进一步下降。含氮有机物先被氨化继而被硝化，使 NH_3—N 浓度显著下降，但随着硝化过程使 NO_3^-—N 浓度增加，而磷随着聚磷菌的过量摄取，也以较快的速率下降。

A2/O 生物脱氮除磷工艺可以同时完成有机物的去除、反硝化脱氮、除磷的功能，脱氮的前提是 NH_3—N 在好氧池中完全被硝化，而在缺氧池则完成脱氮功能，厌氧池和好氧池联合完成除磷功能。

二、工艺特点

①厌氧、缺氧、好氧三种不同的环境条件和不同种类的微生物菌群的有机配合，能同时具有去除有机物、脱氮除磷的功能。

②工艺简单，水力停留时间较短。

③一般污泥体积指数（SVI）小于 100，不会发生污泥膨胀。

④污泥中磷含量高，一般在 2.5% 以上。

⑤脱氮效果受混合液回流比大小的影响，除磷效果则受回流污泥中挟带溶解氧（DO）和硝酸态氧的影响。为避免回流污泥将硝态氮带入厌氧池太多而干扰厌氧释磷过程，污泥回流比 R 宜限制为 25% ～ 100%。

三、设计参数

当无试验资料时，A2/O 生物脱氮除磷工艺的主要设计参数，一般可采用经验数据或参考相应设计参数，如表 3-3 所示。

表 3-3　A^2/O 生物脱氮除磷工艺的主要设计参数

项目名称	取值范围
BOD 污泥负荷 N_s/ [kgBOD$_5$/kgMLSS · d)]	0.1 ～ 0.2
污泥浓度（MLSS）X_d/（g/L）	2.5 ～ 4.0
污泥龄 θ_c/ d	10 ～ 20
污泥产率 Y/（kgVSS/kgBOD$_5$）	0.3 ～ 0.5
需氧量 O_2 /（kgO$_2$ / kgBOD$_5$）	2.0—2.5
水力停留时间 HRT/h	厌氧段 1 ～ 2 缺氧段 0.5 ～ 3
污泥回流比 R/%	25 ～ 100
混合液回流比 R_n/%	≥ 200
总处理率 /%	85 ～ 95（BOD$_5$） 50 ～ 75（TP） 55 ～ 80（TN）

第五节　其他生物处理技术

真菌有耐高渗透压、耐高有机底物的特性，真菌的生态位决定了它们在废水生物处理系统中的数量多少及种群结构，其中废水水质是最重要的影响因素，一般认为，某些含碳量较高（如高浓度糖类废水、淀粉废水和纤维素废水）、pH 值较低、溶解氧含量较充足的工业废水生物处理系统中真菌数量较多，在常规处理系统中出现真菌往往提示负荷很高。另外，许多文献中都提及活性污泥的膨胀、生物膜更新缓慢等与丝状真菌的异常增殖有关。

一、白腐真菌处理技术

在应用真菌处理特异性废水或污染物方面,国内外不少学者进行过实验研究,得出了有意义的结果。华东师范大学应用白地霉(Geotrichum candidum)处理豆制品废水获得了成功,由此收获的白地霉是良好的动物饲料。其他研究者已筛选分离得到具有很强降解染料、木质素及脱色的白腐真菌,也有研究者筛选得到具有高度分解氨能力的茄病镰刀霉等数株真菌。因此,可以利用真菌对一些特殊污染物的高效降解特性来处理这些废水。

自然界中木质素的分解主要是靠担子菌纲中的干朽菌、多孔菌和伞菌等白腐真菌完成的。白腐真菌对木质素的降解是由关键酶(木质素氧化物酶、锰过氧化物酶、漆酶等)的催化反应完成的。其中关键酶是反应的启动者,先是木质素的解聚形成许多有高度活性的自由基中间体,继而以链式反应方式产生许多不同的自由基,高效催化转化类似于 Fenton 反应使木质素解聚成各种低分子量片段直至彻底矿化。可以认为,白腐真菌对木质素的高效降解是微生物代谢与 Fenotn 反应在微观区域实现高度优化组合的结果。

与传统的废水生物处理技术相比,白腐真菌在废水处理中具有如下特点:

①细胞外降解。真菌降解酶大多存在于细胞外,有毒污染物也不必先进入细胞再代谢,从而避免对细胞的毒害。

②降解底物的非专一性。自由基链式反应的广谱性,决定了真菌能降解多种类型的有机化合物,如杂酚油、氯代芳烃化合物、氯酚、多环芳烃、二噁英、三硝基甲苯、染料、农药等。

③适应固、液两种体系。大部分微生物仅适于可溶性底物的处理,而许多污染物不溶于水,可生化性极差。真菌能在固体、液体基质中生长,能利用不溶于水的基质,可应用于土壤修复与水污染治理。

④对营养物的要求不高,能利用木屑、木片、农业废弃物等廉价营养源进行大量培养。有研究者利用从 TNT 炸药污染的土壤中分离纯化并经连续培养驯化的白腐真菌,对实际 TNT 炸药废水进行了好氧生物降解实验,经过 5 d 的降解,废水中所含的主要成分 TNT 的降解率大于 99%。

二、酵母菌处理技术

酵母菌处理技术是以从环境中筛选的适应于特定废水的一种或多种酵母菌的组合为主体,在完全开放和好氧的条件下,通过酵母菌对废水中的有机物进行分解和利用从而达到去除废水中的 COD_{Cr}、实现水质净化目的的一种技术。

19 世纪 70 年代日本学者将酵母菌应用在废水处理中，而再次在环境污染处理中得到关注则是由日本在第二次世界大战后利用酵母菌处理废水同时生产单细胞蛋白。酵母菌真正用于废水处理的研究始于 20 世纪 70 年代后期，日本国税厅酿造研究所最早从环境工程概念设计了酵母菌废水处理系统，并应用于啤酒生产废水和食品加工废水的处理。20 世纪 90 年代初，日本西原环境卫生研究所（NRIB）率先在世界上实现了酵母菌处理有机废水技术的实用化。在高浓度有机废水的前段处理中，利用筛选出来的酵母菌高效分解大量有机物，尤其是对油脂等特殊有机物的出色去除（可以将废水中的含油量从 10000 mg/L 降低到 100 mg/L，这是其他生物处理法无法实现的），最大限度地降低了废水的有机负荷。经酵母菌处理后的废液用常规活性污泥法等工艺进一步处理即可达标。

酵母菌废水处理装置的运行方式与普通的活性污泥法非常相似。首先从目的水样环境中筛选适应废水水质的高效去除 COD_{Cr} 的多种酵母菌菌种，采用混合菌种在完全开放的条件下以好氧的方式对废水进行处理。废水进入存在混合菌种的曝气池后流入沉淀池，利用酵母菌优良的自然沉降特性，实现菌体与水的分离，部分菌体回流至曝气池。酵母菌体内含有特殊的氧化分解酶，使其可以利用多种有机物（简单糖类、有机酸、醇等）。酵母菌有发酵型和氧化型两种，其中主要用于废水处理的为氧化型酵母菌。发酵型酵母菌通过酒精发酵作用，将丙酮酸转化为乙醇，并产生大量 ATP；而氧化型酵母菌先将丙酮酸在线粒体内转化成乙酰辅酶，再通过三羧酸循环把乙酰辅酶转化成 CO_2 和小分子物质，并产生大量 ATP，同时利用碳源并合成新的细胞物质。

酵母菌法具有以下特点：

①由于酵母菌具有丝状真菌的特点，细胞大、生长快、适应能力强、能形成良好絮体、代谢旺盛、耐酸、耐高渗透压、耐高浓度有机物底物，可适用于 BOD 从几千到几万毫克/升的高浓度有机废水的处理，污泥负荷可以高出常规活性污泥法的数倍。尤其是在处理高糖、高碳、高渗透压环境有机废水，如橄榄油加工废水、味精废水、印染废水、蜜糖废水、酿造废水、制浆废水时优势显著。

②酵母菌特有的氧化分解酶系可直接降解高浓度油脂类物质。

③酵母菌可以处理高浓度有机废水并实现资源化，如酒精废液的 BOD 浓度很高，用酒精废水培养酵母菌，既处理了废水又回收了菌体蛋白。酵母菌废水处理过程中产生的剩余污泥蛋白质含量较高，氨基酸组成齐全，且含有多种维生素（如维生素 A、维生素 E）和 Ca、K、Fe 等金属离子的特点，作为动物饲料添

加剂具有不可估量的价值。利用酵母菌生产单细胞蛋白具有原料丰富、成本低廉、生产周期甚短的优点。

该技术特别适合于高浓度有机废水的前处理，且处理效率高，占地面积小，处理成本低，适合在中小型企业推广应用。该工艺不需要无菌条件，不需要特别制备菌种，不需要特别的发酵罐，整个处理为连续的工艺过程，而不是分批分罐，处理成本大大降低。

三、微藻处理技术

微藻进行光合作用的过程中可利用细菌呼吸产生的二氧化碳作为碳源，同时释放氧气，从而形成微藻 - 细菌协同共生的废水生物处理系统。藻类 - 细菌的共生结合有效降低了生物处理阶段的曝气费用，可以快速安全地降低工业废水中挥发性污染物的含量，也可用于污染水体的生物修复。

藻类与多种细菌类群之间交换的关系主要包括营养物质交换、信号转导和基因转移。营养物质交换可作为研究微藻类群和多种细菌关系变化的基础，藻类群和其他细菌群体之间一般能直接交换微量元素、常量元素和大量植物激素等营养物质。信号转导也是藻类 - 细菌间相互作用的另一种主要形式，藻类和细菌之间的信号是一种跨膜信号，这种信号在特定种群的藻类与细菌之间被首次发现。基因转移是一种相邻物种微生物类群之间基因水平上的转移，例如在藻际环境中生存的绿藻真菌和细菌。

第六节　污泥的处理与处置

一、污泥浓缩与脱水

（一）污泥的来源

污泥的种类是多种多样的，污泥的产量和性质与城市管道系统、生活水平、工业性质等密切相关。按含有的主要成分的不同，污泥分为有机污泥和无机污泥两大类。

有机污泥以有机物为主要成分，准确来讲，所谓污泥是指有机污泥。典型的有机污泥是剩余生物污泥（活性污泥、生物膜和厌氧消化污泥等），此外，还有油泥及废水中固体有机物沉淀形成的污泥等。有机污泥的特性是有机物含量高，容易腐化发臭，污泥颗粒细小，往往呈絮凝体状态，相对密度小，持水性能强，含水率高，不易下沉、压密、脱水，有的污泥还含有病原微生物（如医院废水污泥），但有机污泥流动性好，便于管道输送。

无机污泥以无机物为主要成分，亦称泥渣，如无机废水处理过程的沉渣，石灰中和沉淀、混凝沉淀和化学沉淀物、电石渣、煤泥等，主要成分是各种金属化合物。无机污泥的特性是相对密度大，固体颗粒大，易于沉淀、压密、脱水，颗粒持水性差，含水率低，污泥稳定性好，不腐化，但流动性差，不易用管道输送。

按产生的来源，污泥可分为以下 3 种。

①初次沉淀污泥：来自初次沉淀池，其性质随废水的成分，特别是随混入的工业废水性质而异。

②腐殖污泥与剩余活性污泥：来自生物膜法与活性污泥法后的二次沉淀池，前者称腐殖污泥，后者称剩余活性污泥。

③熟污泥：初次沉淀污泥、腐殖污泥、剩余活性污泥经消化处理后，即为熟污泥、或称消化污泥。

（二）污泥的性质

表征污泥性质的指标主要有以下 6 项。

（1）含水率

污泥含水率即污泥中所含水分的质量与污泥总质量之比的百分数。污泥的含水率一般都很高，相对密度接近于 1。因此，污泥的体积、质量及污泥所含固体物浓度之间的关系：

$$\frac{V_1}{V_2} = \frac{W_1}{W_2} = \frac{100 - p_2}{100 - p_1} = \frac{C_2}{C_1} \qquad (3\text{-}15)$$

式中：V_1，W_1，C_1 为污泥含水率为 p_1 时的污泥体积、质量与固体物浓度；

V_2，W_2，C_2 为污泥含水率变为 p_2 时的污泥体积、质量与固体物浓度（以污泥中干固体所占质量分数计）。

凡是废水污泥的处理，都应该首先减少污泥含水率，提高污泥固体浓度，减小污泥体积，为进一步处理和利用污泥提供方便。

（2）挥发性固体和灰分

挥发性固体能够近似地表示污泥中有机物含量，又称灼烧减量。灰分则表示无机物含量，又称灼烧残渣。

（3）污泥的可消化程度

污泥的可消化程度表示污泥中挥发性固体被消化分解的百分数。污泥中的挥发性固体，有一部分是能被消化分解的，另一部分是不易或不能被消化分解的，如纤维素等。

（4）湿污泥容重与干污泥容重

湿污泥质量等于其中所含水分质量与干固体质量之和。湿污泥的容重等于湿污泥质量与同体积水质量的比值。湿污泥容重：

$$\gamma = \frac{p + (100 - p)}{p + \dfrac{100 - p}{\gamma_s}} = \frac{100\gamma_s}{p\gamma_s + (100 - p)} \qquad （3-16）$$

式中：γ 为湿污泥容重；P 为污泥含水率，%；γ_s 为干污泥的容重。

干污泥的容重：

$$\gamma_s = \frac{250}{100 + 1.5p_v} \qquad （3-17）$$

式中：γ_s 为干污泥的容重；p_v 为干污泥中，挥发性固体所占百分数，%。

将式（3-17）代入式（3-16）得：

$$\gamma = \frac{25000}{250p + (100 - p)(100 + 1.5p_v)}$$

（5）污泥的肥分

污泥的肥分是指污泥中含有的氮、磷、钾（K_2O）和植物生长所必需的其他微量元素。污泥中的有机腐殖质，是良好的土壤改良剂，可改善土壤的结构性能，提高保水能力和抗蚀性能。

（6）污泥的燃烧值

废水污泥尤其是剩余活性污泥、油泥等，含有大量可燃烧的成分，燃烧时具有一定热值。燃烧值可用每公斤干污泥燃烧时所能发出的热量表示（kJ/kg）。污泥燃烧值越高，越有利于焚化处理。

一般有机污泥的热值相当于（或稍差于）劣质煤，因此，采用高热值的污泥焚烧时，一般可不外加燃料。

（三）污泥量

初次沉淀污泥量可根据废水中悬浮物的浓度、废水流量、沉淀效率及污泥的含水率计算得到，计算式为：

$$W = \frac{100c_0 \eta Q}{10^3 (100 - p) \rho} \qquad (3\text{-}18)$$

式中：W 为初次沉淀污泥量，m^3/d；Q 为废水流量，m^3/d；H 为去除率，%；C_0 为进水悬浮物浓度，mg/L；P 为污泥含水率，%；ρ 为沉淀污泥密度，以 1000 kg/m^3 计。

当去除率不确定时，也可根据每人每天产生的污泥量计算。

剩余活性污泥量可用式（3-19）进行计算：

$$Q_s = \frac{\Delta X}{f X_v} \qquad (3\text{-}19)$$

式中：ΔX 为剩余污泥量，kg/d；X_v 为曝气池混合液中挥发性固体质量，kg/m^3；F 为 MLVSS 与 MLSS 的比值。

（四）污泥流动的水力特征与管道输送

污泥在厂内输送或排出厂外，都使用管道，因此，必须掌握污泥流动的水力特征。

污泥在管道中流动的情况和水流大不相同，污泥的流动阻力随其流速大小而变化。在层流状态时，污泥黏滞性大，悬浮物又易于在管道中沉降，因此污泥流动的阻力比水流大。当流速提高达到紊流时，由于污泥的黏滞性能够消除边界层产生的旋涡，使管壁的粗糙度减少，污泥流动的阻力反比水流流动的阻力要小。含水率越低，污泥的黏滞性越大，上述状态就越明显；含水率越高，污泥黏滞性越小，其流动状态就越接近于水流。根据污泥流动的特性，在设计输泥管道时，应采用较大的流速，使污泥处于紊流状态。

废水处理厂内部的输泥管道：重力输泥管，一般采用 0.01 ～ 0.02 的坡度；压力输泥管采用如表 3-4 所示的最小设计流速。

表 3-4　压力输泥管最小设计流速

污泥含水率 %	最小设计流速 /（m/s）	
	管径 150 ～ 250 mm	管径 300 ～ 400 mm
90	1.5	1.6
91	1.4	1.5
92	1.3	1.4
93	1.2	1.3

污泥含水率 %	最小设计流速 /（m/s）	
	管径 150 ～ 250 mm	管径 300 ～ 400 mm
94	1.1	1.2
95	1.0	1.1
96	0.9	1.0
97	0.8	0.9
98	0.7	0.8

长距离输泥管道（如输送至处理厂附近的农田、草原或投海等）的计算式：

$$h_f = 2.49 \left(\frac{L}{D^{1.17}}\right)\left(\frac{v}{C_H}\right)^{1.85} \qquad （3\text{-}20）$$

式中：h_f 为输泥管道沿程压力损失，m；L 为输泥管道长度，m；D 为输泥管管径，m/s；V 为污泥流速，m/s；C_H 为海澄威廉（Hazen-Williams）系数，其值决定于污泥浓度，如表 3-5 所示。

表 3-5　污泥浓度与 C_H 值

污泥浓度 /%	C_H 值
0.0	100
2.0	81
4.0	61
6.0	45
8.5	32
10.1	25

（五）污泥中的水分

污泥中所含水分大致分为四类（图 3-6）：污泥颗粒间的空隙水，约占污泥水分的 70%；毛细水，污泥颗粒间的毛细管水，约占 20%；污泥颗粒的吸附水及内部水，约占 10%。

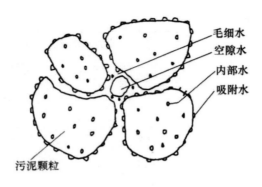

毛细水
空隙水
内部水
吸附水
污泥颗粒

图 3-6　污泥中的水分

（六）污泥浓缩工艺

污泥浓缩的对象是污泥颗粒间的空隙水，这种方法简单易行，不需要消耗大量的能量。浓缩的目的在于缩小污泥的体积，减少后续处理构筑物的容积及运行费用。若进行厌氧消化，则可以缩小消化池的有效容积，减少加热和保温的费用；另外，重力浓缩法在水处理和泥处理之间达到了一个"缓冲"的效果。若进行机械脱水，则可减少混凝剂投加量与脱水设备的数量。由于剩余活性污泥的含水率（99%以上）很高，一般都应进行浓缩处理。污泥浓缩的方法主要有重力浓缩法、气浮浓缩法和离心浓缩法。

1. 重力浓缩法

利用污泥自身的重力将污泥间隙的液体挤出，从而使污泥的含水率降低的方法称为重力浓缩法。其处理构筑物为污泥浓缩池，一般常用类似沉淀池的构造。例如，竖流式或辐流式污泥浓缩池。浓缩池可以连续运行，也可以间歇运行。前者用于大型废水处理厂，后者用于小型废水处理厂（站）。

重力浓缩法主要用于浓缩初沉污泥及初沉污泥与剩余活性污泥或初沉污泥与腐殖污泥的混合液。初沉池污泥的介入有利于浓缩过程，因为初沉池污泥颗粒较大，较密实，这些颗粒在沉淀过程中对下层的压缩效果较亲水的生物絮凝体要好得多。

重力浓缩法的缺点是使有机污泥产生不良的气味，气味的问题可以采用在浓缩前加石灰的办法来克服。在浓缩池内加适量的石灰不影响后续处理，在实际运行过程中新鲜污泥直接脱水或在厌氧消化池启动时常常需要投加石灰。另外，将浓缩池加盖，使密闭的池内形成负压，并将抽出的污染的气体进行处理。

2. 气浮浓缩法

气浮浓缩法是采用压力溶气气浮方法，通过压力溶气罐溶入过量空气，然后突然减压释放出大量的微小气泡，并附着在污泥颗粒周围，使其相对密度减小而强制上浮，从污泥表层获得浓缩的方法。因此气浮浓缩法适用于相对密度接近于1的活性污泥的浓缩，如活性污泥（相对密度为1.005），生物过滤法污泥（相对密度为1.025），尤其是采用接触氧化法时，脱落的生物膜含大量气泡，相对密度更接近于1，用气浮浓缩较为有利。

气浮浓缩池有多种结构形式，目前，生产上采用较多的有平流式气浮浓缩池和竖流式气浮浓缩池。平流式气浮浓缩池的废水从池下部进入气浮接触区，然后进入气浮分离区进行分离后，从池底集水管排出。浮在水面上的浮渣用刮渣板刮入集渣槽后排出。竖流式气浮浓缩池的废水从中心管进入气浮池，从池底集水管排出。水面上的浮渣用刮渣板收集排出。

3. 离心浓缩法

离心浓缩法是利用污泥中的固体（污泥）与其中的液体（水）之间的密度有很大的不同，因此在高速旋转的离心机中具有不同的离心力，从而可以使两者分离的方法。一般离心浓缩机可以连续工作，污泥在离心浓缩机中的水力停留时间（HRT）仅为 3 min，而出泥的含固率可达 4%，即出泥的含水率可达 96%。此外，离心浓缩法工作场所卫生条件好，这一切都使得离心浓缩法的应用越来越广泛。用于污泥浓缩法的离心机种类有转盘式离心机、篮式离心机和转鼓离心机等。

（七）污泥脱水工艺

污泥经浓缩或消化后，尚有 95% ~ 97% 含水率，体积很大，可用管道输送，为了综合利用和进一步处置，必须对污泥进行脱水处理。经脱水后的污泥，其含水率将小于 85%，从而失去流体特性，形成泥饼。污泥脱水方法有机械脱水和自然干化两种。

1. 机械脱水

（1）机械脱水过程

为了改善污泥脱水性能，提高脱水设备的生产能力，机械脱水前应采用化学调理法、淘洗调节法、热处理法及冷冻法等进行预处理。机械脱水的基本过程：过滤刚开始时，滤液仅需克服过滤介质（滤布）的阻力；当滤饼层形成后，滤液不仅要克服过滤介质的阻力而且要克服滤饼的阻力，这时的过滤层包括了滤饼层与过滤介质。过滤过程示意图如图 3-7 所示。

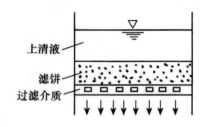

图 3-7　过滤过程示意图

（2）机械脱水设备

1）真空过滤机

真空过滤是目前使用较为广泛的一种污泥脱水机械方法。真空过滤常用的机械是真空转鼓过滤机，也称转鼓式真空过滤机。以 GP 型转鼓式真空过滤机为例，其构造如图 3-8 所示。

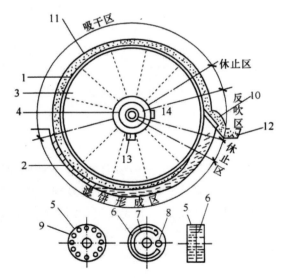

1—空心转鼓；2—污泥储槽；3—扇形间格；4—分配头；5—转动部件；6—固定部件；7—缝；8—孔；9—小孔；10—反吹区；11—吸干区；12—皮带输送器；13—真空管路；14—压缩空气管路

图 3-8　GP 型转鼓式真空过滤机构造

其主要部件是空心转鼓1和下部污泥储槽2。在空心转鼓1的表面上覆盖有过滤介质并浸在污泥储槽2内。转鼓用径向隔板分隔成许多扇形间格3。每格有单独的连通管，管端与分配头4相接。分配头4由两片紧靠在一起的部件，即转动部件5和固定部件6组成。固定部件6上有缝7与真空管13相通。孔8与压缩空气管路14相通。转动部件5有一系列小孔9，每孔通过连通管与各扇形间格3相连。空心转鼓1旋转时，由于真空的作用，将污泥吸附在过滤介质上，液体通过过滤介质沿真空管路13流到气水分离罐。吸附在空心转鼓1上的滤饼转出污泥槽的污泥面后，若扇形间格3的小孔9在固定部件6的缝7范围内，则处于滤饼形成区与吸干区11，继续吸干水分。当小孔9与固定部件6的孔8相通时，便进入反吹区10，与压缩空气相通，滤饼被反吹松动，并行剥落。剥落的滤饼用皮带输送器12运走。空心转鼓1每旋转一周，依次经过滤饼形成区、吸干区11、反吹区10和休止区。

GP型转鼓真空过滤机的缺点是滤布紧包在空心转鼓上，再生与清洗不充分，容易堵塞。滤饼的卸除采用刮刀，滤饼不能太薄，至少要 3 ~ 6 mm。

2）板框压滤机

压滤脱水使用的机械叫板框压滤机，板框压滤机由滤板和滤框相间排列而成，在滤板的两面覆有滤布。滤框是接纳污泥的部件，滤板的两侧面覆上凸条和凹槽相间，凸条承托滤布，凹槽接纳滤液，凹槽与水平方向的底槽相连，把滤液引向出口。在过滤时，先将滤框和滤板相间放在压滤机上，并在它们之间放置滤布，然后开动电机，通过压滤机上的压紧装置，把板、框、布压紧，这样，在板与板之间构成压滤室。在板与框的上端相同部位开有小孔，压紧后，各孔连成一条通道，待脱水的污泥经加压后由通道进入压滤室。滤液在压力作用下，通过滤布背面的凹槽收集，并由经过各块板的通道排走，达到脱水的目的，排出的水回到初沉池进行处理。

压滤机可分为人工板框压滤机与自动板框压滤机两种。人工板框压滤机，需一块一块地卸下，剥离泥饼并清洗滤布后，再逐块装上，劳动强度大、效率低。自动板框滤机，上述过程都是自动的，劳动强度低、效率较高，是一种有前途的脱水机械。自动板框压滤机有水平式与垂直式两种，如图3-9所示。

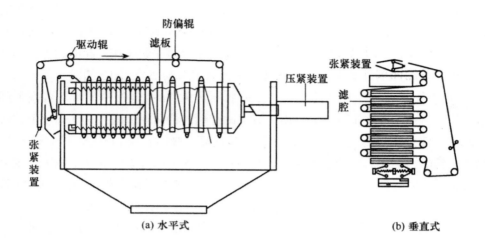

(a) 水平式　　　　　　　　　　　　(b) 垂直式

图 3-9　自动板框压滤机

板框压滤机的过滤能力与污泥性质、泥饼厚度、过滤压力、过滤时间和滤布的种类等因素有关。处理城市废水厂污泥时，过滤能力一般为 2 ～ 10 kg 干泥 /（m³·h）。当消化污泥投加 4% ～ 7% FeCl$_3$，11% ～ 22.5% CaO 时，过滤能力一般为 2 ～ 4 kg 干泥 /（m³·h）。过滤周期一般只需 1.5 ～ 4 h。板框压滤机几乎可以处理各种性质的污泥，对预处理的混剂以简单无机的无机絮凝剂为主，而且对其质量要求亦不高。由于它使用了较高的压力和较长的加压时间，脱水效果比真空机和离心机好，压滤过的污泥含水率可降至 50% ～ 70%。缺点是不能连续运行，操作麻烦，产率低。

3）带式压滤机

滚压脱水使用的机械是带式压滤机，其构造如图 3-10 所示。滚压带式过滤机由滚压轴及滤布带组成，特点是把压力施加在滤布上，用滤布的压力或张力使污泥脱水，而不需要真空或加压设备。

滚压的方式有两种：一是滚压轴上下相对，压榨时间短但压力大，如图 3-10（a）所示；二是滚压轴上下错开，如图 3-10（b）所示，依靠滚压轴施于滤布的张力压榨污泥，因此压榨的压力受滤布的张力限制，压力较小，压榨时间较长。

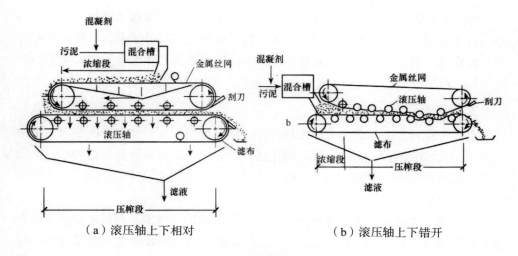

（a）滚压轴上下相对 　　　　　　　　（b）滚压轴上下错开

图 3-10　带式压滤机构造

带式压滤机不能用于处理含油污泥，因为含油污泥使滤布有"防水"作用，并且容易使滤饼从设备侧面被挤出。

（3）离心脱水设备

离心脱水设备主要是离心机，离心机的种类很多，适用于污泥脱水的一般为卧式螺旋卸料离心脱水机，其构造如图 3-11 所示。它主要由转筒、螺旋输送器及空心轴所组成。螺旋输送器与转筒由驱动装置传动，向同一个方向转动，但两者之间有一个小的速差，依靠这个速差的作用，螺旋输送器能够缓缓地输送浓缩的泥饼。

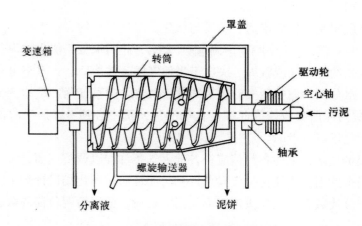

图 3-11　卧式螺旋卸料离心脱水机构造

卧式螺旋卸料离心脱水机可以连续生产，操作方便，可自动控制，卫生条件好，占地面积小，但污泥预处理的要求较高，必须使用高分子聚合电解质作絮凝剂，投加量一般为污泥干重的 0.1% ～ 0.5%。通过该离心脱水机脱水后的泥渣含水率为 70% ～ 85%。该离心脱水机的动力约为 1.7 W/[m³（泥）·h]。

2. 自然干化

自然干化可分为晒砂场与干化场两种。晒砂场用于沉砂池沉渣的脱水，干化场用于初次沉淀污泥、腐殖污泥、消化污泥、化学污泥及混合污泥的脱水，干化后的污泥饼含水率一般为 75% ～ 80%，污泥体积可缩小到 1/10 ～ 1/2。

（1）晒砂场

晒砂场一般做成矩形，混凝土底板，四周有围堤或围墙。底板上设有排水管及一层厚 800 mm，粒径 50 ～ 60 mm 的砾石滤水层。沉砂经重力或提升排到晒砂场后，很容易晒干。渗出的水由排水管集中回流到沉砂池前与原废水合并处理。

（2）干化场

干化场是污泥进行自然干化的主要构筑物。干化场可分为自然滤层干化场与人工滤层干化场两种。自然滤层干化场适用于自然土质渗透性能好、地下水位低的地区；人工滤层干化场的滤层是人工铺设的，又可分为敞开式干化场与有盖式干化场两种。

人工滤层干化场由不透水底层、排水系统、滤水层、输泥管、隔墙及围堤等部分组成。如果是有盖式的，还配有支柱和顶盖。近年来，出现了一种由沥青或混凝土浇筑、不用滤层的干化场，其优点是泥饼容易铲除。为了防雨和防冻，可在干化场上加盖，但实际应用较少。

干化场脱水主要依靠渗透、蒸发与撇除。渗透过程约在污泥排入干化场最初的 2 ～ 3 d 内完成，可使污泥含水率降至 85%。此后水分不能再被渗透，只能依靠蒸发脱水，约经 1 周或数周（决定于当地气候条件）后，含水率可降至 75%。研究表明，水分从污泥中蒸发的数量约等于从清水中直接蒸发量的 75%。降雨量的 57% 要被污泥所吸收。因此在干化场的蒸发量中必须考虑所吸收的降雨量，但有盖式干化场可不考虑。

我国幅员辽阔，上述各数值应视各地天气条件加以调整或通过试验决定。影响干化场脱水的因素主要包括气候条件和污泥性质。干化场设计的主要内容是确定总面积与分块数，总面积决定于面积污泥负荷，面积污泥负荷的数值与当地气候及污泥性质有关。

二、污泥填埋与焚烧

（一）污泥填埋工艺及设备

1. 污泥填埋对污泥的要求

对待处理的污泥，通常会对污泥的含水率、污泥中重金属的含量、污泥的 pH 值等方面有一定的要求。

在污泥的固体量一定的情况下，污泥的含水率越高，污泥的体积就越大，这样会大大增加污泥的运输费用及对填埋场地的需求。根据美国环境保护署（EPA）的相关设计标准，在进行污泥的填埋处置时，污泥的含固率通常应在 20% 以上才比较适合进行填埋处置。表 3-6 给出了美国 EPA 对污泥填埋场的污泥含固率的要求。

表 3-6 美国物理填埋方式及所需场地特性一览表

填埋方式	污泥含固率 /%	污泥特征	水文资质特征	地面坡度 /%
窄沟填埋	$15 \sim 28$	未稳定或已稳定	地下水面和基岩很低	< 20
宽沟填埋	$\geqslant 20$	未稳定或已稳定	地下水面和基岩很低	< 10
区域堆积	$\geqslant 20$	未稳定或已稳定	地下水面和基岩很低	只要有足够的水平可堆积，适合较陡峭地
区域成层填埋	$\geqslant 20$	未稳定或已稳定	地下水面和基岩很低	适合坡度中等但地形平坦的地区
筑堤填埋	$\geqslant 20$	未稳定或已稳定	地下水面和基岩很低	只要堤内地形平坦，适合较陡峭的地形

为了减少填埋场的渗出水和保证机具（如推土机、运输车辆等）在填埋场上正常运行，对填埋污泥最重要的要求是含固率和其在填埋场上的承载能力两项指标。进行填埋的污泥含固率要求不低于 35%，垃圾填埋场承载力要求大于 25 kN/m^2。一般污泥承载能力大于 25 kN/m^2 时，含固率也大于 35%，但是含固率大于 35% 的污泥，其在填埋场的承载力不一定能够满足要求。在填埋处置中 EPA 还对污泥中的重金属含量进行了规定，如表 3-7 所示。

表 3-7　污泥填埋时污泥的重金属含量要求

填埋单元距污泥填埋场边界的距离 /m	污染物的浓度 /（mg/kg）		
	砷	铬	镍
0 ～ 25	30	200	210
25 ～ 50	34	220	240
50 ～ 75	39	260	270
75 ～ 100	40	300	320
100 ～ 125	53	360	390
125 ～ 150	62	450	420

另外，pH 值是影响污泥填埋场实用性的一个因素。污泥的 pH 值过低，会不利于大多数重金属的过滤；pH 值过高，可能会破坏污泥中的微生物，当污泥与高 pH 值的土壤相接触时，会抑制土壤中重金属的移动；另外，还会抑制污泥中的生物活性，导致有机物的分解速度降低。所以，在对污泥进行填埋处置以前，应该对污泥进行必要的预处理，进行污泥调节。

2. 污泥填埋的分类

污泥卫生填埋分为混合填埋和单独填埋，在欧洲，脱水污泥与城市垃圾混合填埋比较多，而在美国，多数采用单独填埋。

（1）混合填埋

污泥在生活垃圾卫生填埋场中与生活垃圾混合填埋既可采用先混合、后填埋的形式（图 3-12），也可采用污泥与生活垃圾分层填埋、分层推铺压实的形式（图 3-13）。

图 3-12　污泥在生活垃圾填埋场混合填埋的工艺流程 1

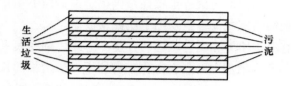

图 3-13　污泥在生活垃圾填埋场混合填埋的工艺流程 2

1）混合填埋方式

混合填埋有污泥／垃圾和污泥／土壤两种常用方式。

在污泥／垃圾混合填埋方式中，污泥的含固率应高于 20%，使用的机械设备同生活垃圾填埋使用的设备相同。污泥（湿污泥）和生活垃圾的混合比例为 1 ∶ 4。该方法污泥的处置率为 900 ～ 7900 m³/hm²。

在污泥／土壤混合填埋方式中，污泥和土壤混合作为覆盖用土。与前一种方法相比，它可以减少填埋场操作过程中机械设备陷入污泥中、车辆打滑、污泥带出场外等缺陷。不足之处在于它需要较多的人力物力，同时产生较多的臭味。该方法污泥处置率约为 3000 m³/hm²。

2）污泥混合方式

实际操作时一般因地制宜选择混合填埋方式，污泥还可以和含水率较低的一般工业固体废弃物、建筑垃圾和矿化垃圾等掺和物混合填埋。污泥混合方式主要有下列几种。

①挖掘机混合。该方式可采用普通的挖掘机，投资较省，操作方便。但处理能力较小，混合效果较差。

②翻堆机混合。污泥和掺和物按比例采用挖掘机或装载机分成摊铺，每层厚度 30 cm 左右，然后用翻堆机翻堆，达到混合效果。该方法操作方便，处理能力较大，混合效果较好。

③专门的混合设备。该方法需要配置专门的混合设备、储仓和输送机械，污泥和掺和物按比例通过输送机械输送至混合设备进行混合。该方法混合效果好，操作方便。但投资较大，运行费用高，处理能力一般。

（2）单独填埋

单独填埋分为两种基本类型：挖沟式填埋和地面式填埋。

1）挖沟式填埋

地下水位及岩床应有一定的深度，且应满足挖掘的要求及保证在污泥底部与地下水、岩床有一定的缓冲土壤。土壤通常仅用于覆盖而不用作添加剂，污泥直接灌倒于沟中。现场的机械设备主要用于挖掘及覆盖。

挖沟式填埋有窄沟填埋和宽沟填埋两种基本形式。宽度大于 3 m 的为宽沟填埋，小于 3 m 的为窄沟填埋。两者在操作上有所不同，沟槽的长度和深度根据填埋场地的具体情况，如地下水的深度、边墙的稳定性和挖沟机械的能力所决定。

2）地面式填埋

地面式填埋适用于地下水位及岩床较高的情况。由于地面式填埋不像挖沟式填埋那样有边坡的支撑，因此，污泥的含固率应高于 20%。同时，作业机械要在污泥上行驶，为保证有足够的稳定性及抗剪切的能力，往往要在污泥中添加一定比例的土壤。需要的土壤量较多，这应从场外运进。地面式填埋有三种基本形式：堆垛法、层铺法、围堤法。

①堆垛法。污泥必须和土壤混合以形成更大的剪切力和承载力，掺加比例为（0.5：1）～（2：1），然后在填埋区域内土壤 / 污泥混合物可堆至 1.8 m 高度。在堆垛上覆盖土厚度在 0.9 m 左右。

②层铺法。处理场地应较为平坦。当污泥含固率小于 32% 时，必须和土壤混合以形成更大的剪切力和承载力，掺加比例为（0.25：1）～（2：1）。混合物料先均匀摊铺成 0.15～0.9 m 厚的一层，再碾压后覆土。填埋场中通常可以有几个层，层间覆土为 0.15～0.3 m，终层覆土为 0.6～1.2 m。

③围堤法。污泥完全放置于地面上，四周用堤围住。或者当填埋场地是在陡峭的山脚之下时，污泥放置在由堤及天然斜坡围成的场地内，污泥直接由堤上倒入填埋场地内，中间覆土可在填埋到一定厚度时进行，填埋结束后需进行终场覆土。围堤法填埋区域通常较大，宽 15～30 m，长 30～60 m，高 3～9 m。该法的优点之一在于污泥的处置率最高。

（二）污泥焚烧炉的形式

污泥焚烧炉的形式有多种，在国内主要是回转焚烧炉、立式焚烧炉、立式多段焚烧炉及流化床焚烧炉等。

1. 回转焚烧炉

回转焚烧炉又称转窑，是一个大圆柱筒形，外围有钢箍，钢箍落在传动轮轴上，由转动轮轴带动炉体旋转。回转炉可分为逆流回转焚烧炉和顺流回转焚烧炉两种炉型，在污泥焚烧中，常用逆流回转焚烧炉，如图 3-14 所示。

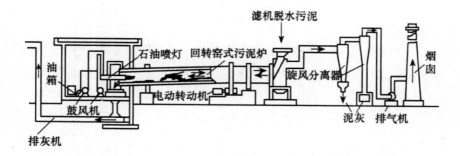

图 3-14　回转窑式污泥系统的流程和设备

炉体内壁衬以重型硬面耐火砖并设有径向炒板，促使污泥翻动。炉体的进料端比出料端略高，炉身具有一个倾斜度，炉料可以沿炉体长度方向移动。回转焚烧炉的前段约 1/3 炉长长度为干燥带；后段约 2/3 炉长长度为燃烧带。

回转焚烧炉投入运转之前，先用石油气或燃料油燃烧预热炉膛，然后投入脱水后的污泥饼。污泥从炉体高端进入，从低端排出，燃料油从低端喷入，所以低端始终具有最高温度，而高端温度较低。随着炉体转动，污泥从高端缓缓向低端移动。首先在干燥带内，污泥进行预热干燥，达到临界含水率 10% ～ 30% 后，污泥的温度和热气体的湿球温度一样，约为 160 ℃，进行恒速蒸发，然后温度开始上升，达到着火点，在燃烧带内经干馏后的污泥着火燃烧，污泥颗粒粒径在 3 ～ 10 mm 时，其燃烧受内部扩散控制，所以气体与颗粒的相对速度越大或灰尘越薄，燃烧速度越快。燃烧带的温度一般在 700 ～ 900 ℃。

回转焚烧炉也可以用于干燥污泥，此时炉内温度一般在 300 ℃，所产生的臭气通过炉内脱臭装置进行处理或在脱臭装置内高温燃烧。回转焚烧炉干燥污泥时，污泥与热风是并流的。热风的温度从 700 ℃降到 120 ℃，然后用排风机排走。

回转焚烧炉的优点：对污泥数量及性状变化适应性强，炉子结构简单，炉内具有耐火材料，驱动装置在炉外；温度容易控制，可以进行稳定焚烧；污泥与燃气逆流移动，能够充分利用废气余热。

2. 立式焚烧炉

立式焚烧炉具有固定的炉膛，构造简单，像立式锅炉的炉膛一样，但无热能回收。外壳为钢板焊制，内衬有耐火材料，可以连续生产，也可以间断生产，其构造图如图 3-15 所示。这种焚烧炉适用于石油化工厂等既富有余热，又能够利用除油池和浮选池的油渣作为辅助燃料的工厂。

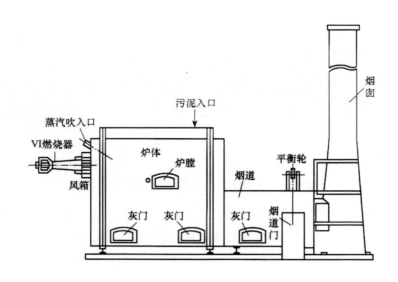

图 3-15　立式焚烧炉构造图

3. 立式多段焚烧炉

立式多段焚烧炉（图 3-16）是一个内衬耐火材料的钢制圆筒，一般分成 6 ～ 12 层。各层都有旋转齿耙，所有的耙都固定在一根空心转轴上，转数为 1 r/min。空气由轴的中心鼓入，一方面使轴冷却，另一方面把空气预热到燃烧所需的温度。齿耙用耐高温的铬钢制成，泥饼从炉的顶部进入炉内，依靠齿耙的耙动，翻动污泥，并使污泥自上逐层下落。顶部两层为干燥层、温度在 480 ～ 680 ℃，可使污泥含水率降至 40%；中部几层为焚烧层，温度在 760 ～ 980 ℃；下部几层为缓慢冷却层，温度在 260 ～ 350 ℃，这几层主要起冷却并预热空气的作用。这种炉型的热效率高，污泥搅动好。

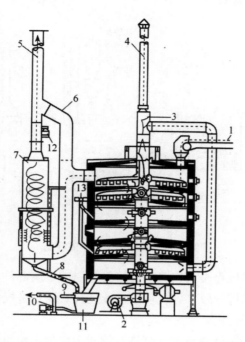

1—泥饼；2—冷却空气鼓风机；3—浮动风门；4—废冷却气；5—清洁气体；6—无水时旁通风道；7—旋风喷射洗涤器；8—灰浆；9—分离水；10—砂浆；11—灰桶；12—感应鼓风架；13—轻油

图 3-16　立式多段焚烧炉构造图

4. 流化床焚烧炉

流化床焚烧炉的特点是利用硅砂为热载体，在预热空气的喷射下，形成悬浮状态。泥饼首先经过快速干燥器，使含水率降到 40%。流化床上的泥饼，被流化床灼热的砂层（约 700 ℃）搅拌混合，全部分散气化，产生的气体在流化床的上部焚烧。

在焚烧部位，由炉壁沿切线方向高速吹入二次空气，使其与烟气旋流混合，焚烧温度可达 850 ℃，焚烧温度不能太高，否则硅砂会发生熔结（熔化后结块）现象。流化床的流化空气用鼓风机鼓入，焚烧灰与燃烧气一起飞散出去，用一次旋流分离器加以捕集。流化床焚烧炉流程图如图 3-17 所示。

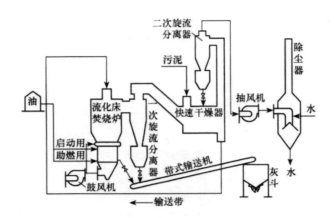

图 3-17 流化床焚烧炉流程图

流化床焚烧炉的优点是结构简单，接触高温的金属部件少，故障也少；硅砂污泥接触面积大，热传导效果好，可以连续运行。缺点是操作较复杂；运行效果不够稳定，动力消耗较大。

纵观世界上的污泥处置技术，焚烧可望成为代替土地填埋的一种方法，是污泥处置技术发展的一种趋势。

三、污泥的综合利用

（一）污泥资源化利用基本原理

污泥产生源头的减量化与污泥处理处置过程的再循环（资源化）应该相互结合。立足污泥产生源头的减量化是基础，稳定化和减量化是资源化利用的前提，资源化利用是污泥的出路和循环经济发展的需要。

污泥资源化利用的基本原理是利用污泥热值、污泥成分、营养元素等特性，进行资源化利用。

废水处理厂污泥中含有丰富的有机物，使其具有一定的热值。通过一定的手段回收其中的热值，也是资源化利用的一种。污泥中还含有 P、N、K 等营养元素及植物生长所必需的各种微量元素 Ca、Mg、Cu、Zn、Fe 等，它能改良土壤结构，增加土壤肥力，促进植物的生长。同时，污泥中含有大量的灰分、铝、铁等成分，可应用于制砖及水泥、陶粒、活性炭、熔融轻质材料和生化纤维板的制作。

（二）污泥资源化利用基本方法

1. 土地利用

污泥的土地利用是将污泥作为肥料或土壤改良材料，用于园林、绿化、林业、农业或贫瘠地等受损土壤的修复及改良等场合的处置方式。污泥中含有丰富的有机质和营养元素以及植物生长所必需的各种微量元素，是一种很好的肥料和土壤改良剂，所以土地利用越来越被认为是一种积极、有效、有前途的污泥处置方式。根据最终用途，土地利用主要分为农用、园林绿化和土地改良等。土地利用的污泥处理方式主要是堆肥化处理。

污泥用于土地利用时必须经过稳定化、减量化、无害化处理，即使如此，污泥的产生量也无法与土地所需要的污泥量在时间上匹配，通过土地利用途径能够消耗的污泥量是非常有限的。因此，污泥土地利用处置不适合大型项目，并且目前没有大型项目成功运行的实例。

2. 建材利用

污泥建材利用是指将污泥作为制作建筑材料的部分原料的处置方式。研究表明，污泥制成建材后，污泥中的一部分重金属等有毒有害物质会随灰渣进入建材而被固化其中，重金属失去游离性，因此，通常不会随浸出液渗透到环境中，从而不会对环境造成较大的危害。污泥中含有大量的灰分、铝、铁等成分，可应用于制砖及水泥、陶粒、活性炭、熔融轻质材料和生化纤维板的制作。

目前应用较多的是制砖。污泥制砖的方法有两种：一是用干污泥直接制砖；二是用污泥焚烧灰渣制砖。污泥灰及黏土的主要成分均为 SiO_2，这一特性成为污泥可做制砖材料的基础。

污泥焚烧灰的基本成分为 SiO_2、Al_2O_3、Fe_2O_3 和 CaO，在制造水泥时，污泥焚烧灰加入一定量的石灰或石灰石，经煅烧即可制成灰渣硅酸盐水泥。利用污泥焚烧灰为原料生产的水泥，与普通硅酸盐水泥相比，在颗粒度、相对密度、反应性能等方面基本相似，而在稳固性、膨胀密度、固化时间方面较好。

污泥制造纤维板是由污泥中的蛋白质经变性作用和一系列物化性质的改变后，与预处理过的废纤维一起压制而成的。在日本已经有许多这方面的工程实例。

污泥除了可以用来生产砖块、水泥外，还可用来生产陶瓷、轻质骨料等。从经济角度看，污泥建材利用不但具有实用价值，还具有经济效益。近年来，一些工业发达国家将污泥制作建材作为污泥处理和资源化的手段之一，不仅解决了城市废水处理厂污泥的处理和处置问题，还取得了很好的效益。

3. 能量回收

污泥中含有的大量有机物，成为污泥热值的主要来源。因此，能量回收就是通过一定的处理方法，将污泥转化为可燃的物质，如沼气等。常见的能量回收手段是污泥消化、热解和炭化等。

第四章　工业废水深度处理与资源回用

随着工业废水排放标准越来越严格以及废水资源化的迫切要求，近年来我国对工业废水处理工作日益重视，开始大力推广和发展废水深度处理及资源回用技术，实现废水的减量化和资源化。本章主要围绕工业废水深度处理与资源回用技术展开叙述，主要介绍了吸附法、高级氧化法、电解法、离子交换法、膜分离法、蒸发结晶法这几方面内容。

第一节　吸附法

一、吸附法工艺分类

（一）静态吸附工艺

静态吸附工艺，又称静态间歇式吸附工艺，是指在水不流动的条件下进行的吸附操作。静态吸附工艺的工艺过程：把一定数量的吸附剂投加入待处理的水中，不断进行搅拌，经过一定时间达到吸附平衡时，以静置沉淀或过滤方法实现固液分离。若一次吸附的出水不符合要求时，可增加吸附剂用量，延长吸附时间或进行二次吸附，直到符合要求。

静态间歇式吸附工艺常用于小水量处理或试验研究。静态吸附常用的设备为一个吸附池和水桶（或搅拌槽）。

（二）动态吸附

动态吸附工艺，又称动态连续式吸附工艺，是在水流动条件下进行的吸附操作。动态吸附工艺的操作过程：废水（污水）不断地流过装填有吸附剂的吸附床（柱、罐或塔），水中的污染物和吸附剂接触并被吸附，在流出吸附床之前，污染物浓度降至处理要求值以下，直接获得净化出水。在实际生产中，工业废水吸附处理系统，一般都采用动态连续式吸附工艺。

二、常用吸附设备

在动态吸附工艺中，常用的吸附设备有固定床、移动床和流化床等，其中固定床属于半连续式，移动床和流化床属于连续式。由于移动床、流化床操作较麻烦，因而，在水处理中固定床应用最为广泛。

（一）固定床

固定床是指吸附操作过程中吸附剂被固定填注在吸附设备中的一类吸附设备，是水处理吸附工艺中最常用的一种方式。

（1）固定床吸附工艺的工作过程

①污水连续流经吸附床（吸附塔或吸附池），待去除污染物（吸附质）不断地被吸附剂吸附，出水中的污染物浓度大幅度降低（当吸附剂的数量足够多时，甚至可降低到零）。

②随着吸附过程的进行，吸附床上部饱和层厚度不断增大，下部新鲜吸附层厚度则不断减小，出水中污染物浓度逐渐增加；当出水中污染物浓度升高到出水要求的限定值时停止进水，转入吸附剂再生程序。

③吸附和再生可在同一设备内交替进行，也可将失效的吸附剂卸出，送到再生设备进行再生。

（2）固定床分类

固定床，根据其水流方向不同，又可分为降流式固定床和升流式固定床两种形式。

①降流式固定床。如图 4-1 所示，在降流式固定床中，水流自上而下流动，出水水质较好，但经过吸附层的水头损失较大，特别是处理含悬浮物较高的废水时，悬浮物易堵塞吸附层，所以要定期进行反冲洗。有时需要在吸附层上部设反冲洗设备。

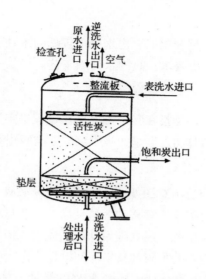

图 4-1　降流式固定床（吸附塔）构造示意图

②升流式固定床。水流自下而上流动，当水头损失增大时，可适当提高水流流速，使填充层稍有膨胀（上下层不能互相混合）就可以达到自清的目的。升流式固定床由于层内水头损失增加较慢，所以运行时间较长，但对废水入口处(底层)吸附层的冲洗不如降流式固定床。流量变动或操作一旦失误就会使吸附剂流失。

此外，根据处理水量、原水的水质和处理要求不同，固定床又可分为单床和多床，多床又有串联式和并联式两种，如图 4-2 所示。

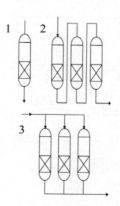

图 4-2　固定床吸附操作示意图

1—单床；2—串联式多床；3—并联式多床

（3）固定床的适用对象

并联式多床适用于处理规模大、出水要求较低的水处理工艺；而串联式多床适用于处理量小、出水水质要求较高的水处理工艺。

（二）移动床

移动床，也称脉冲床，是指在吸附工艺操作过程中定期将接近饱和的吸附剂从吸附设备中排出，并同时加入等量的吸附剂的一类吸附装置。

1. 移动床的构造及工作过程

移动床（吸附塔）构造示意图如图 4-3 所示，废水从下而上流过移动床吸附层，而吸附剂由上而下间歇或连续移动。移动床的工艺过程：原水从吸附塔底部流入，与吸附剂进行逆流接触，经处理后从塔顶流出（清水）；再生后的吸附剂从塔顶加入，接近吸附饱和的吸附剂从塔底间歇地排出。

一般，移动床高度在 5 ～ 10 m，一次卸出的炭量为总填充量的 5% ～ 20%，卸炭和投炭的频率与处理的水量和水质有关，从数小时到一周。在卸料的同时投加等量的再生炭或新炭。

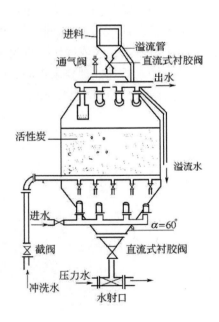

图 4-3　移动床（吸附塔）构造示意图

2. 移动床的优点

移动床相对固定床更能充分利用吸附剂的吸附容量，且水头损失较小、设备简单、出水水质好、占地面积小、操作管理方便、不需要反冲洗设备。

3. 移动床的缺点

移动床操作管理要求高，要求塔内吸附剂上下层不能互相混合。

4. 移动床的适用对象

移动床多适用于较大规模的废水处理工艺，但要求进水的悬浮物浓度不得大于 30 mg/L。

（三）流化床

流化床是指在操作过程中吸附剂悬浮于由下至上的水流中，而处于膨胀状态或流化状态的一类吸附装置。在流化床中，被处理的废水流与吸附剂（活性炭）流，基本是逆流接触。流化床一般为连续卸炭（吸附剂）和投炭（吸附剂）；空塔速度要求严格控制，以防止上、下层混层，保持炭层呈层状向下移动。由于活性炭在水中处于膨胀状态，与水的接触面积大，因而可用少量的炭（吸附剂）处理较多的废水。

可见，流化床具有基建费用低、不需进行反冲洗和可处理高悬浮物含量废水等优点，但也存在运行操作要求过于严格等缺点。因而，流化床多适用于高悬浮物含量废水的小型水处理工艺。

第二节　高级氧化法

一、高级氧化理论

高级氧化工艺一般涉及发生和利用游离羟基（-OH）作为强氧化剂破坏常规氧化剂不能氧化的化合物。游离羟基是目前已知的除氟外最具活性的氧化剂之一。游离羟基与溶解性组分反应时，可激活一系列氧化还原反应，直至该组分被完全矿化。游离羟基几乎可以不受任何约束地将现存的所有的还原性物质氧化成为特殊化合物或化合物的基团。在这些化学反应中不存在选择性并且可在常温常压下操作。

高级氧化工艺与其他物化处理工艺不同，经过高级氧化处理后，废水中化合物被降解而非被浓缩或转移到其他相中。

二、用于产生游离羟基（HO·）的技术

目前，已有很多技术可在液相条件下生产游离羟基，按照反应过程中是否使用臭氧，将各种游离羟基生产技术进行汇总（表4-1）。在表4-1列举的技术中，只有臭氧/紫外线，臭氧/过氧化氢，臭氧/紫外线/过氧化氢以及过氧化氢/紫外线等技术处于工业化应用中。

表 4-1　用于生产反应性游离羟基的技术实例

臭氧基工艺	非臭氧基工艺
臭氧（pH 值在 8～10 条件下） 臭氧 +UV_{245}（也适于气相） 臭氧 +H_2O_2 臭氧 +UV_{245}+H_2O_2 臭氧 +TiO_2 臭氧 +TiO_2+H_2O_2 臭氧 + 电子束照射 臭氧 + 超声波	H_2O_2+UV_{245} H_2O_2+UV_{245}+ 亚铁盐（Fenton 试剂） 电子束照射 电动液压空气化作用 超声波 非热能等离子体 脉冲电晕放电 光催化（UV_{245}+TiO_2） 伽马射线 催化氧化 超临界水氧化

（一）臭氧/紫外线

可用下列臭氧的光解作用来解释利用紫外线生产游离羟基的过程（式4-1）：

$$O_3 + UV（或 hv, \lambda < 310\,nm）\rightarrow O_2 + O(^1D)$$

$$O(^1D) + H_2O \rightarrow HO· + HO·（在湿空气中）$$

$$O(^1D) + H_2O \rightarrow HO· + HO·®H_2O（在水中）\qquad（4-1）$$

式中，O_3 为臭氧；UV 为紫外线（或 hv 能量）；O_2 为氧；$O(^1D)$ 为被激活的氧原子，符号 (^1D) 是用于规定氧原子及氧分子形态的光谱符号（也称为单谱线氧）；HO· 为游离羟基，在羟基及其他基团旁边的圆点（·）用于指示这些基团带有不成对电子。

如上所示，在湿空气中通过臭氧的光解作用会生成游离羟基，而在水中，则生成过氧化氢，随后过氧化氢光解生成游离羟基，臭氧用于后者时，其费用非常昂贵。在空气中，臭氧/紫外线工艺可以通过臭氧直接氧化、光解作用或羟基化作用使化合物降解。当化合物通过紫外线吸收并与游离羟基反应发生降解时，利用臭氧/紫外线工艺比较有效。

（二）臭氧/过氧化氢

对于不可吸收紫外线的化合物，采用臭氧/过氧化氢高级氧化工艺，可能是比较有效的处理方法。利用过氧化氢和臭氧产生游离羟基的高级氧化处理工艺可以显著降低废水中三氯乙烯（TCE）和过氯乙烯（PCE）类氯化合物的浓度。利用臭氧和过氧化氢反应生成游离羟基的过程如下（式4-2）：

$$H_2O_2 + 2O_3 \rightarrow HO \cdot + HO \cdot + 3O_2 \qquad (4\text{-}2)$$

（三）过氧化氢/紫外线

当含有过氧化氢的水暴露于紫外线（200～280 nm）中，也会形成羟基基团。可用下列反应描述过氧化氢的光解作用：

$$H_2O_2 + UV\,(或 h\nu, \lambda \approx 200 \sim 280\ nm) \rightarrow HO \cdot + HO \cdot \qquad (4\text{-}3)$$

过氧化氢的分子消光系数很小，不能有效利用紫外线的能量，同时要求高浓度过氧化氢，因此，并不是所有情况均适用过氧化氢/紫外线工艺。

最近该工艺已经应用于氧化处理污染废水中微量组分，主要用于去除废水中 N-亚硝基甲胺（NDMA）和其他人们所关心的化合物，其中包括：①性激素及甾族类激素；②处方和非处方人体用药物；③兽用抗生素及人体用抗生素；④工业、农业及生活污水中持久性有机污染物。在此类化合物浓度较低时（通常以 μg/L 计），其氧化反应似乎遵循一级动力学规律。

氧化反应需要的电能以 EE/O 单位表示，定义为单位体积每对数减小级的电能输入。EE/O 表达式为：

$$EE/O = \frac{EE_i}{V[\lg(c_i/c_f)]} \qquad (4\text{-}4)$$

式中，EE/O 为每对数减小级的电能输入，kW·h/（m³·log 减小级）；EE_i 为电能输入，kW·h；V 为废水体积，m³；c_i 为进水浓度，ng/L；c_f 为出水浓度，ng/L。

近年实际运行经验表明，在过氧化氢投加量为 5～6 mg/L 时，减小 1 对数级（100 到 10）NDMA 需要的 EE/O 值为 21 ～ 265 kW·h/（10^3m³·对数级）。所需要的 EE/O 值随废水水质的不同而发生显著变化。

其他反应形式也会产生游离羟基，如 H_2O_2 和 UV 与 Fenton 试剂反应、作为催化剂的 TiO_2 类半导体金属氧化物对紫外线的吸收反应等，这些工艺方法目前仍处于研发阶段。

第三节　电解法

一、概述

电解法的原理是废水中有害物质通过电解装置中的阳极和阴极分别发生氧化和还原反应，转化为无害物质的净水方法。一般阳极和阴极材料用钢板制成（也可阳极用钢板、阴极用无机材料制成）。具体来说就是在外电场作用下，阳极失去电子发生氧化反应，阴极获得电子发生还原反应。废水作为电解液，在电场作用下，发生氧化还原反应而将有毒物质去除。反应式为（以电解食盐水制备次氯酸钠为例）：

氯化钠溶液电离：$NaCl \rightleftharpoons Na^+ + Cl^-$

阳极反应：$2Cl^- = Cl_2 \uparrow + 2e^-$

阴极反应：$2H_2O + 2e^- = H_2 \uparrow + 2OH^-$

溶液中生产 NaOH 在氢气搅拌下与 Cl_2 反应：

$$2NaOH + Cl_2 = NaClO + NaCl + H_2O$$

在电解槽电解过程中，除阳极发生氧化作用和阴极发生还原作用外，还有两个作用在进行：混凝作用和上浮作用。

（1）混凝作用

若用铁板（铝板）做阳极，则通电后 Fe^{2+} 或 Al^{3+} 进入溶液中，当 pH > 3.8 时，反应生产的 $Fe(OH)_3$ 或 $Al(OH)_3$ 是活性的带正电荷的胶体，并有较强的吸附作用，能对废水中的有机物和无机物起到接触凝聚作用，当形成的絮凝物相对密度小时就会上浮，相对密度较大时就会沉淀。

（2）上浮作用

在电解时，在阴极产生的氢气泡（具有还原性）和阳极产生的氧气泡（具有氧化性）会黏附在污染物颗粒上而将之浮到水面，这实际上起的是电浮选的作用。

二、影响电镀工艺的技术条件和参数

（一）废水的 pH 值

一般来说，虽然废水的 pH 值低对电解有利，但对氢氧化物的沉淀不利。因此，处理不同的废水，需要的 pH 值不同，如处理含铬废水，废水的 pH 值为 4～6.5，电解后的 pH 值为 6～8，这时就不需要调整废水的 pH 值。而处理含氰废水就应在碱性条件下进行，因为 pH 值偏低时，不利于氯对氰根的氧化，所以电解处理含氰废水，pH 值一般控制在 9～10。

（二）单位耗电量

单位耗电量一般应与废水性质、电解槽特性及操作条件等因素有关。通常可通过试验或实践操作积累总结而定，并与投盐量无关。

（三）阳极电流密度和电解时间

不同的废水电解处理，阳极电流密度和电解时间亦不同。而一般情况下，电流与电解时间为反比关系，采用较低的电流密度和较长的电解时间，经济上较为合理。

（四）食盐投加量

电解中投加食盐的目的是加大废水的导电率，降低槽电压和减少电耗。但如果投盐量过大，会使水中的氯离子增多，影响出水水质，所以投盐量要合适，具体投盐量视废水性质及电解操作参数而定。

（五）极距

一般视电解材料、废水性质及操作参数而定。例如：阳极和阴极均为钢板制作，极距可在 10 mm 左右；若阳极采用石墨或无机材料，则极距可在 20～30 mm。

（六）搅拌

空气搅拌一方面可加快离子扩散，另一方面可防止沉淀和浓差极化，但空气量不宜太大，以控制空气量不使悬浮物沉淀为宜。

三、电解法设计及主要参数

（一）主要参数

①电解时间：10～20 min。

②极板间距：8～30 mm。

③食盐投加量：0.5～1 g/L（极板间距小时可不投）。

④空气量：按每分钟 0.2～0.3 m^3/m^2 计，压力为 1～2 kgf/cm^2。

⑤电源电压：一般大于等于 36 V（可高达 150 V）。

（二）电解槽设计

电解槽设计内容包括计算电源、计算阳极电流密度、计算电压、计算整流设备、极板计算、电解槽尺寸计算、空气量计算、电耗计算。

详细设计情况可参考电镀废水处理相关资料。

四、新型电解处理工艺

在传统的电解法基础上，目前新开发的一种微电解技术（内电解技术），已开始运用于废水处理工程中。所谓微电解技术其实质就是利用填充在电解装置中微电解材料（如铁、碳）的 1.2 V 的电位差，使废水中形成无数个微原电池，这些微原电池以低电位的铁为阴极，高电位的碳为阳极，在酸性电解质水溶液中发生电化学反应，从而使铁变成二价铁离子进入溶液，利用它的混凝作用（前已述）将污染混凝去除。为了增加电位差，促进铁离子的释放，在微电解技术的基础上又开辟了添加一定比例的催化剂技术，即催化微电解技术。

该技术的特点：

①可处理毒性大、高浓度、高色度、难生化的污水；COD 的去除可提高 20%，色度可去除 60%～90%；

②损耗量可降低 60% 以上，污泥量可减少 50% 以上；

③反应速度快，一般只需 30～60 min；

④操作方便，可减少二次污染。

第四节　离子交换法

一、离子交换的概念

所谓离子交换是指在固体颗粒和液体之间的界面上发生的离子交换过程，即水中的离子和离子交换剂上的离子所进行的等电荷反应。而离子交换剂是由骨架和交换基团组成的，它包括无机交换剂和有机交换剂两大类。无机交换剂包括天然沸石和人工沸石等。有机交换剂主要是化学合成的树脂，如阳离子树脂和阴离子树脂等。这其中又有强酸性树脂、弱酸性树脂、强碱性树脂和弱碱性树脂之分。

二、离子交换树脂的性能

（一）物理性能

1. 外观

离子交换树脂的外观是一种透明或半透明物质，由于组成不同而呈黄、白或赤褐色。粒径一般在 0.3 ～ 1.2 mm（相当于 16 ～ 50 目），树脂外形呈球状，用于水处理的树脂颗粒以 20 ～ 40 目为宜。

2. 密度

一般用含水状态下的湿真密度和湿显密度及干真密度表示。

①湿真密度 = 湿树脂质量 / 湿树脂颗粒体积（一般在 1.04 ～ 1.3 g/mL）；
②湿显密度 = 湿树脂质量 / 湿树脂堆体积（一般在 0.6 ～ 0.8 g/mL）；
③干真密度 = 干树脂质量 / 干树脂体积（一般在 1.6 g/mL 左右）。

3. 含水率和溶脂性

含水率是指每克湿树脂所含水分的百分数，含水率越大，孔隙率越大，交联度越小。

溶脂性是指树脂浸水之后发生溶胀，从而使交联网孔胀大，它与交联度、活性基团、交换容量、水中电解质密度、可交换离子性质有关。

4. 交联度

交联度指交联剂的百分数。交联度越高，树脂越牢固，越不容易溶胀。如果交联度改变，会引起交换容量、含水率、溶胀率和机械强度等性能改变。

5. 其他

树脂还有耐磨性、溶解性、耐热性、导电性等性能，不再详述。

（二）化学性能

交换容量是指一定量树脂中所含交换基团或可交换离子的摩尔数（mol/mL），它是树脂的最重要的性能，分为全交换容量、工作交换容量及平衡交换容量。树脂还具有可逆性、酸碱性、选择性、中和性和水解性等性能。同时，树脂 pH 值的有效范围，如表 4-2 所示。

表 4-2　树脂 pH 值的有效范围

树脂类型	强酸阳离子交换树脂	弱酸阳离子交换树脂	强碱阴离子交换树脂	弱碱阴离子交换树脂
有效 pH 值范围	1～14	5～14	1～12	0～7

离子交换树脂对不同离子的亲和力有一定的差别，离合力大的容易被吸附，但再生置换下来也困难；反之亦然。所以，树脂对不同离子交换是有先后次序的，其选择次序如下：

①强酸阳离子交换树脂：

$$Fe^{3+}>Al^{3+}>Ca^{2+}>Mg^{2+}>K^+>Na^+>H^+>Li^+ \qquad （4-5）$$

②弱酸阳离子交换树脂：

$$H^+>Fe^{3+}>Al^{3+}>Ca^{2+}>Mg^{2+}>K^+>Na^+>Li^+ \qquad （4-6）$$

③强碱阴离子交换树脂：

$$SO_4^{2-}>NO_3^->Cl^->OH^->F^->HCO_3^->HSiO_3^- \qquad （4-7）$$

④弱碱阴离子交换树脂：

$$OH^->SO_4^{2-}>NO_3^->Cl^->HCO_3^- \qquad （4-8）$$

（三）离子交换装置的分类和适用范围

离子交换装置的分类和适用范围如图 4-4 所示。在上述各种离子交换装置中，工业废水处理常用逆流再生固定床和混合床。

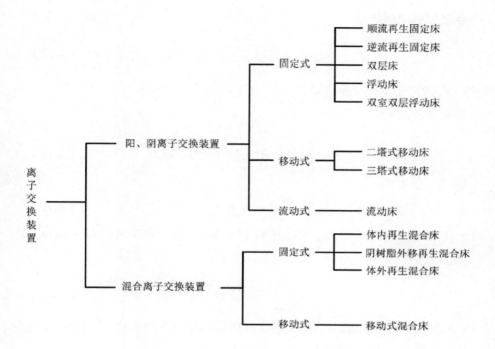

图 4-4　离子交换装置的分类和适用范围

三、离子交换装置的设计与计算

①装置工作面积：

$$F = \frac{Q}{V} \qquad\qquad （4-9）$$

式中：F 为装置工作面积，m^2；Q 为最大需产水量，m^3/h；V 为装置中水流速，m/h。

一般阳床流速为 20 为 30 m/h，混床流速为 40 为 60 m/h。

②装置直径：

$$D = \sqrt{\frac{4F}{\pi}} = 1.33\sqrt{F} \qquad\qquad （4-10）$$

③装置在一个周期内的离子交换容量：

$$E_c = QC_0T \qquad\qquad （4-11）$$

式中：E_c 为装置在一个周期内的离子交换容量，meq/g；Q 为产水量，m^3/h；C_0 为需去除阳（阴）离子的总量；T 为一个周期的工作时间，h。

④装置装填树脂量:

$$V_R = \frac{E_c}{E_0} \qquad (4\text{-}12)$$

式中: E_0 为树脂工作交换容量。

⑤树脂层高度:

$$h_R = \frac{V_R}{F} \quad (\text{一般不应小于 } 1.2 \text{ m}) \qquad (4\text{-}13)$$

⑥反冲洗水量:

$$q = V_2 F \qquad (4\text{-}14)$$

式中: V_2 为反冲流速(阳离子交换树脂 15 m/h,阴离子交换树脂 6 ～ 10 m/h)。

再生剂需要量:

$$G = \frac{V_R E_0 N_n}{1000} = \frac{V_R E_0 R}{1000} = V_R L \qquad (4\text{-}15)$$

式中: N 为再生剂当量值; n 为再生剂实际用量为理论值的倍数; R 为再生剂耗量; L 为再生剂用量,kg/ ($m^3 \cdot R$)。

⑧求得 G 后,再根据再生剂实际含量求得再生剂用量:

$$G_G = \frac{G}{\varepsilon} \times 100\% \qquad (4\text{-}16)$$

式中: ε 为再生剂含量,%。

⑨正洗水量:

$$V_2 = aV_R \qquad (4\text{-}17)$$

式中: a 为正洗水耗比,m^3/m^2 (强酸树脂 a 取 4 ～ 6,强碱树脂 a 取 10 ～ 12,弱酸弱碱树脂 a 取 8 ～ 15)。

第五节　膜分离法

膜分离是利用物质透过一层特殊膜的速度差而进行分离、浓缩或脱盐的一种分离过程。这一层特殊的膜可以是固体,亦可以是固定化的液体或溶胀的凝胶,它具有特殊的结构和性能。这些特殊的结构和性能使其具有对物质的选择透过性,因此在过程进行时,不同于其他物理化学过程。在膜分离过程中不伴随相变,不用加热，可节约能源，投资省，且设备结构紧凑，效能高，占地面积小，操作稳定，适宜连续化生产，有利于实现自动控制。

根据膜的种类、功能和过程推动力的不同，工业化应用的膜分离过程有电渗析（ED）、超滤（UF）、纳滤（NF）、反渗透（Reverse Osmosis，RO）等。近年来，膜分离方法发展很快，各种新型膜分离方法逐步应用于工业废水处理领域。

一、电渗析法

电渗析法的工作原理主要是膜室之间的离子迁移，其中发生的电化学反应与普通的电极反应类似，阳极室内发生氧化反应，阴极室内发生还原反应。电渗析的关键部件是离子交换膜，它的性能对电渗析效果影响很大。废水成分复杂，所含的酸、碱、氧化物等物质对膜有损害作用，离子交换膜应具有抵抗这种损害的性能。

电渗析装置一般采用单膜（阳膜或阴膜）的两室布置，或双膜（阳、阴膜、双阳膜或双阴膜）的三室布置。电渗析法适用于废水的脱盐处理，但不适用于非电离分子（特别是有机物）去除。单级电渗析器出水的含盐量一般高于 300 mg/L。要得到较好的出水水质，需采用电渗析器串联系统。电渗析法多用于废水深度处理。

二、超滤法

超滤是一种以膜两侧压差为推动力，以机械筛分原理为基础理论的溶液分离过程。超滤过程在本质上是一种筛滤过程。首先，超滤膜的选择透过性主要是因为膜上具有一定大小和形状的孔，其孔隙大小是主要的控制因素，溶质能否被膜孔截留取决于溶质粒子的大小、形状、柔韧性以及操作条件等。其次，膜表面的化学性质也是影响超滤分离的重要因素。超滤膜的微孔孔径为 2 ～ 5 nm，超滤法所需的传质驱动力（净水压力差）为 50 ～ 1000 kPa。在废水处理中，超滤法主要用于分离溶解性有机物。

超滤法的工艺流程可以分为间歇操作、连续操作和重过滤三种形式。其中，间歇操作具有最大的透过速率，效率高，但是处理量小。连续操作通常在部分循环下进行，回路中循环量常常比料液量大得多，主要用于大规模处理厂。重过滤常用于小分子和大分子的分离。

超滤法在工业废水处理中应用广泛，如用于电泳涂漆废水、含油废水、含聚乙烯醇废水、纸浆废水、颜料和染色废水、放射性废水等的处理，在食品工业废水中回收蛋白质、淀粉等也十分有效。

超滤膜是非对称膜，其活性表面层有孔径为 1 ~ 20 nm 的微孔，截留相对分子质量范围为 500 ~ 500000。它能从水中分离相对分子质量大于数千的大分子、胶体物质、蛋白质、微粒等。超滤膜的透过速率范围通常为 0.5 ~ 5 m³/（m²·d），使用的压力通常为 0.1 ~ 0.6 MPa。另外，要求超滤膜能耐高温，pH 值的适用范围大，对有机溶剂具有化学稳定性，并且具有足够的机械强度。

大多数超滤膜都是聚合物或共聚物的合成膜，主要有乙酸纤维素膜、聚酰胺膜、聚砜膜等，它们适用的 pH 值范围依次为 4 ~ 7.5、4 ~ 10 和 1 ~ 12。另外，聚丙烯腈也是一种很好的超滤膜材料。

三、纳滤法

纳滤膜比反渗透膜的孔大，因而操作压力低，脱盐率也低。纳滤膜是为了适应多种工业的需要，降低反渗透工作压力而出现的一种介于反渗透膜和超滤膜之间的膜。

纳滤膜对水中离子的截留有较高的选择性，不同于反渗透膜对水中所有离子都有很高的截留率。具体来说，就是一价离子容易透过纳滤膜，多价离子容易被截留，阴离子透过纳滤膜的规律是 $NO_3^- > Cl^- > OH^- > SO_4^{2-} > CO_3^{2-}$；阳离子透过纳滤膜的规律是 $H^+ > Na^+ > K^+ > Ca^{2+} > Mg^{2+} > Cu^{2+}$。

纳滤膜在致密的脱盐表层下有一个多孔支撑层，起脱盐作用的是表层。支撑层与表层可以是同一种材料（如 CA 膜），也可以是不同材料（如复合膜），目前使用的绝大多数都是复合膜，复合膜的多孔支撑层多为聚砜，在支撑层上通过界面聚合制备薄层复合膜，再进行荷电，就可以得到高性能复合纳滤膜。复合纳滤膜脱盐的表层物质按材料可分为芳香聚酰胺类、聚哌嗪酰胺类、磺化聚砜类及混合类（如表层由聚哌嗪酰胺和聚乙烯醇组成，或聚哌嗪酰胺和磺化聚砜组成）等。

由于纳滤膜相对反渗透膜比较疏松、孔大，所以纳滤膜水通量比反渗透膜大数倍，对水中一价离子的脱盐率为 40% ~ 80%，远远低于反渗透膜，对水中二价离子的脱盐率可达 95%，略低于反渗透膜，纳滤膜一般截留分子量在 200 ~ 1000。

四、反渗透法

反渗透法是一种以压力作为推动力，通过选择性膜，将溶液中的溶剂和溶质分离的技术。实现反渗透过程必须具备两个条件：一是必须有一种高选择性和高透水性的半透膜；二是操作压力必须高于溶液的渗透压。

反渗透的装置主要有板框式、管式、螺旋卷式和中空纤维式。反渗透装置一般都由专门的厂家制成成套设备后出售，可根据需要予以选用。由于螺旋卷式及中空纤维式装置的单位体积处理量高，故大型装置采用这两种类型较多，而一般小型装置多采用板框式或管式。

反渗透法所需的压力较高，工作压力要比渗透压力大几十倍。即使是改进的复合膜，正常工作压力也在 1.5 MPa 左右。同时，为了保证反渗透装置的正常运行和延长膜的寿命，在反渗透装置前必须有充分的预处理装置。

反渗透过程作为一种分离、浓缩和提纯过程，常见的工艺流程有一级、一级多段、多级、循环等几种形式。

反渗透膜是一类具有不带电荷的亲水性基团的膜，按成膜材料可分为有机膜和无机高聚膜。目前研究得比较多和应用比较广的是乙酸纤维素膜（CA 膜）和芳香族聚酰胺膜两种。反渗透膜按膜形状可分为平板状、管状、中空纤维状膜，按膜结构可分为多孔性和致密性膜，或对称性（均匀性）和不对称性（各向异性）结构膜。

受污染膜的清洗方法包括物理过程和化学过程。

①物理清洗过程。这是用淡水冲洗膜面的方法，也可以用预处理后的原水代替淡水，或者用空气与淡水混合液来冲洗。对管式膜组件，可用直径稍大于管径的聚氨酯海绵球冲刷膜面，能有效去除沉积在膜面上的柔软的有机性污垢。

②化学清洗过程。化学清洗过程是采用一定的化学清洗剂，如硝酸、磷酸、柠檬酸、柠檬酸铵加盐酸、氢氧化钠、酶洗涤剂等，在一定的压力下一次冲洗或循环冲洗膜面。化学清洗剂的酸度、碱度和冲洗温度不可太高，防止对膜的损害。当清洗剂浓度较高时，冲洗时间短；浓度较低时，相应冲洗时间延长。据报道，用 1% ～ 2% 的柠檬酸溶液，在 4.2 MPa 的压力下，冲洗 13 min 能有效去除氢氧化铁垢层。采用 1.5% 的无臭稀释剂和 0.45% 的表面活性剂氨基氰 -OT-B（85% 的二辛基硫代丁二酸钠和 15% 的苯甲酸钠）组成的水溶液，冲洗 0.5 ～ 1 h，对除去油和氧化铁污垢非常有效。用含酶洗涤剂对去除有机质污染，特别是蛋白质、多糖类、油脂等通常是有效的。

五、新型膜分离方法

（一）碟管式反渗透法

碟管式反渗透（DTRO）法是近年来兴起的一项适合高浓度废水处理的抗污染性反渗透技术，具有进水水质要求较低、产水水质好、回收率高、运行稳定等特点。碟管式反渗透膜最初是由德国罗西姆（ROCHEM）公司开发的，它包括一个基于板框模块的改进 RO 模块。圆盘堆是由液压圆盘和膜垫通过张力杆交替形成的。特殊的结构包括开道设计（4～6 mm）、短流道（7 cm）、180° 反转痕迹和盘上的盐水点，使其能够承受更高的压力，具有更少的结垢倾向。因此，碟管式反渗透膜可以处理含有高 COD 和总溶解固形物（TDS）的废水，从而获得更好的水质和更高的水回收率。

碟管式反渗透膜所采用的膜柱是由带有螺纹的不锈钢管将导流盘和反渗透膜进行有机组合而成的，导流盘和反渗透膜片之间的有效配合能够显著提高碟管式膜组件的性能，导流盘表面按照一定方式设置的凸点能够让废水以湍流的方式有效流动，可有效提高废水的透过率和自动清洗能力，导流盘中间的膜片也能够引导废水以较快的速度切向流过膜片表面。

碟管式反渗透法可用于处理垃圾渗滤液等高浓度有机废水，以及盐浓度高于 1% 的高盐废水，如燃煤电厂烟气脱硫废水、冶金废水、石化废水和煤化工废水。在碟管式反渗透法的研究中，垃圾渗滤液是目前研究最多的处理对象，约占 74.6%，其次是烟气脱硫废水和沼液，分别占 10.2% 和 5.1%。随着对膜技术进一步的深入研究，碟管式反渗透法将得到更广泛的应用，在废水零排放处理中有较好的应用前景。碟管式反渗透法的缺点是其成本效益因工艺的不同而不同，碟管式反渗透法的工艺改造应力求实现运行性能与经济性的平衡。此外，碟管式反渗透法应用于不同行业废水的适用性以及膜污染控制仍有待进一步探究。

（二）膜蒸馏法

膜蒸馏（Membrane Distillation，MD）法是一种很有前途的工业废水再生回用技术，与传统的蒸馏工艺相比，模块化的膜蒸馏系统更节省空间。由于其特殊的分离机制，膜蒸馏技术理论上可以 100% 截留非挥发性污染物，产出高纯度的回用水，可满足半导体和制药等行业的高质量标准。同时膜蒸馏受进料浓度的影响也较小，与反渗透等传统压力驱动膜工艺相比，膜蒸馏法具有较低的污染倾向，使其特别适合于高盐度废水的回收。此外，膜蒸馏法可在低于 90 ℃的温度和常压下运行，可以利用太阳能、工业废热等低品位热源作为动力，能够显著降低膜蒸馏的能源成本和碳足迹。

膜蒸馏法的分离机制可以表述为：第一，热量从体溶液通过边界层传热传递到膜表面；第二，液体在热给料 - 膜界面处蒸发；第三，在温度梯度的驱动下，蒸汽通过膜孔；第四，蒸汽通过冷却剂或冷却板冷凝。不同类型的膜蒸馏工艺具有不同的蒸汽冷凝方式，直接接触式膜蒸馏（DCMD）法是目前研究最多的一类膜蒸馏工艺，其进料和渗透都在膜的两侧接触。相比之下，气隙和渗透隙膜蒸馏（AGMD 和 PGMD）法需要在模块内部设置冷凝板，真空和扫气膜蒸馏（VMD 和 SGMD）法需要使用外部冷凝器来液化蒸汽。通常在 VMD 和 SGMD 技术中使用的膜需要更高的液体进入压力（LEP）和润湿阻力，因此这些膜通常具有较高的疏水性和较小的平均孔径。

尽管膜蒸馏法有上述各种优点，但由于进料溶液中的污染物可能导致膜润湿，必须谨慎进行工业废水的膜蒸馏回收。当液体渗透到膜孔时发生润湿，可能导致能源效率和截留效率的下降。因此在膜蒸馏法应用中应通过多种手段避免膜润湿。膜润湿现象与进料成分密切相关，不同行业的进水成分差异较大。例如回收高盐度卤水时，浓缩卤水析出的无机盐晶体可能在膜表面生长，降低膜表面疏水性导致膜润湿。表面活性剂及其他表面活性物质在膜表面的吸附是引发工业废水膜润湿的主要原因，而且石化厂废水中微量的油和油脂会附着在疏水膜上，引起孔隙湿润和堵塞。制药和半导体行业的废水含有溶剂和酸，降低了进料溶液的表面张力，也容易导致膜润湿。另外，不同类型的污染物也可能存在协同作用以加速膜润湿。可以通过优化膜表面结构实现在超疏水和全疏膜表面控制膜污染和膜润湿，新型制造技术（如 3D 打印）也为进一步制造具有特殊润湿性的膜提供了可能性，膜蒸馏法与其他技术耦合也有利于减轻进料溶液引发膜润湿的负面影响。

（三）正渗透法

正渗透（Forward Osmosis，FO）法是指依靠膜两侧原料液和汲取液之间的自然渗透压差作为驱动力，使水分子自发地从低渗透压侧传输到高渗透压侧而污染物被截留的膜分离过程。正渗透技术可以将反渗透浓水或高盐废水再次浓缩至 10% ～ 15%，打破现有技术因有机污染物及无机盐存在处理废水时的耐受瓶颈，可大幅降低后续进入蒸发器的水量。同时该技术具有能耗低、膜污染倾向小、水回收率高和污染物截留能力强等特点，在工业废水的减量化和资源化应用中是一种极具潜力且具有成本优势的替代方案。

正渗透膜的平均孔隙半径为 1.5 ～ 20 nm，可有效去除工业废水中不同类型污染物，适应于处理许多复杂的进料溶液的处理，包括纺织废水、油气井压裂废水、垃圾填埋场渗滤液、富含营养的有机废水以及核废水。正渗透的缺点主要在于水通量较低和反向溶质泄漏等。此外微量有机污染物（TrOCs）的不完全排斥也是一个问题。通过优化特定参数的新型膜材料可以增强正渗透膜性能，主要包括以下途径：一是通过对膜表面进行功能化和／或在聚合物中嵌入功能化纳米颗粒来改性膜表面以减少污染，提高水通量；二是重新设计支撑结构以承受应力；三是通过静电纺丝、共挤技术等提高膜机械强度和机械稳定性。

第六节　蒸发结晶法

一、蒸发法

（一）蒸发法的基本原理

蒸发（Evaporation）法的基本原理通过加热废水，使水分大量汽化，得到浓缩的废液以便进一步回收利用废水中不挥发性的污染物；水蒸气冷凝后又可以获得纯水。除反渗透法外，蒸发法也可以用于控制盐类在一些关键回用系统中的积累问题。蒸发法工艺处理费用较高，一般只限于以下场合使用：一是要求处理程度很高的系统；二是采用其他方法不能去除废水中污染物的系统；三是有价格低廉的废热可供使用的系统。

蒸发法主要用于以下几种目的：

①获得浓缩的溶液产品，如放射性废水的浓缩减量。

②将溶液蒸发增浓后，冷却结晶，用以获得固体产品，如洗钢废水中硫酸亚铁的回收等。

③脱除杂质，获得纯净的溶剂或半成品，如海水淡化等。

进行蒸发操作的设备叫作蒸发器。蒸发器内要有足够的加热面积，使溶液受热沸腾。溶液在蒸发器内因各处密度的差异而形成某种循环流动，被浓缩到规定浓度后排出蒸发器外。蒸发器内备有足够的分离空间，以除去汽化的蒸汽夹带的雾沫和液滴，或装有适当形式的除沫器以除去液沫，排出的蒸汽如不再利用，应将其在冷凝器中加以冷凝。

在蒸发过程中，人们经常采用饱和蒸汽对物料介质进行间接加热，人们通常把作为热源使用的蒸汽称作一次蒸汽，废水在蒸发器内沸腾蒸发，逸出的蒸汽叫作二次蒸汽。

（二）蒸发设备类型

沸腾蒸发的设备称为蒸发器。在工业废水处理中，采用的蒸发器主要有以下几种。

1. 列管式蒸发器

列管式蒸发器由加热室与蒸发室构成。在加热室内有一组加热管，管内为废水，管外为加热蒸汽。经过加热沸腾的汽水混合液，上升到蒸发室后，进行汽水分离。蒸汽经过分液器后从蒸发室顶部引出。废水在循环流动的过程中，不断沸腾蒸发，当溶质浓度达到要求后，从蒸发室底部排出。

根据废水循环流动时作用水头的不同，分为自然循环竖管式蒸发器和强制循环横管式蒸发器。前者在加热室有一根很粗的循环管实现自然循环流动，结构简单，清理维修简便，适用于处理黏度较大易结垢的废水。为了加大循环速度，提高传热系数，可以将蒸发室的液体再用泵送入加热室，构成强制循环横管式蒸发器。强制循环横管式蒸发器的管内流速较大，对水垢有一定的冲刷作用。该蒸发器适用于蒸发结垢性废水，但能耗较高。

2. 薄膜式蒸发器

薄膜蒸发（Thin Membrane Evaporation），是指废水在蒸发器的管壁上形成薄膜，使水汽化的蒸发过程。薄膜式蒸发器有三种类型，即长管式、旋流式和旋片式。它们的基本特点是在蒸发过程中，加热管壁面或蒸发器的表面形成很薄的水膜，在蒸汽加热下，水膜吸收热量，迅速沸腾汽化。

单程长管式薄膜蒸发器的加热室内设有一组 3 ~ 8 cm 长的加热管。废水预热到沸点后，由加热室底部送入，在加热管底部受热而沸腾汽化。在液体内形成的蒸汽泡，汇集成大气泡后，冲破液层，以很高的速度向管顶升腾。在此过程中抽吸和卷带废水，使其在加热管的中上段内表面上形成一层很薄的水膜，并立即沸腾挥发掉。其特点如下：传热系数和蒸发面积都很大，因而蒸发速度快、蒸发量大；废水在管内高度很小，由液柱高度造成的沸点升高值较小；稠液在下，稀液在上，两者不相混合，那么由溶质造成的沸点升高值也比较小。这种蒸发器适合黏度中等的料液，但不适合蒸发有结晶析出的浓稠液。

旋流式薄膜蒸发器的优点是结构简单，传热效率高，蒸发速度快，适合蒸发结晶。其缺点是传热面积小、设备容量小。

旋片式薄膜蒸发器可以用于蒸发黏度大且容易结垢的废水，其缺点是传动机构容易损坏。

3. 浸没燃烧式蒸发器

这种蒸发器属于直接接触式蒸发器。热源为高温（1200 ℃）烟气，从浸没于废水中的喷嘴排出。由于气液两相的温差很大，加之气液翻腾鼓泡，接触充分，因此传热效率极高。蒸汽和燃烧尾气由废气口排出，蒸发浓缩液由底部的空气喷射泵抽出。

这种蒸发器的优点是传热效率高，设备紧凑，受腐蚀部件少，适于蒸发酸性废液。其缺点是烟气与废水直接接触，残液会受到一定程度的污染，排出的废烟气会污染大气。

（三）蒸发法的工艺类型

在废水处理中采用的蒸发技术主要包括多效蒸发、多级闪蒸、气压式蒸馏等工艺。

1. 多效蒸发工艺

多效蒸发工艺是将几个蒸发器串联运行的蒸发操作，可使蒸汽热能得到多次利用，从而提高热能的利用率。在三效蒸发操作的流程中，第一个蒸发器（称为第一效）以生蒸汽作为加热蒸汽，其余两个（称为第二效、第三效）均以其前一效的二次蒸汽作为加热蒸汽，从而可大幅度减少生蒸汽的用量。每一效的二次蒸汽温度总是低于其加热蒸汽，故多效蒸发时各效的操作压力及溶液沸腾温度沿蒸汽流动方向依次降低。

在多效蒸发系统中，将多个蒸发器（锅炉）串联布置，每一级蒸发器的操作压力均低于前一级蒸发器。在一个三级立管式蒸发器中，废水经过预热，进入下一级换热器，废水经过下一级换热器时被逐渐加热。当废水通过换热器时，多效蒸发器中分离出来的蒸汽逐渐冷凝下来。当逐渐升温的废水到达第一级蒸发器时，则以薄膜的形式沿着立管的质边向下流动而被蒸汽加热，废水从第一效蒸发器底部排出供给第二效蒸发器。

在生蒸汽温度与末效冷凝器温度相同（总温差相同）的条件下，将单效蒸发改为多效蒸发时，蒸发器效数增加，生蒸汽用量减少，但总蒸发量不仅不增加，反而因温差损失增加而有所下降。多效蒸发节省了能耗，但降低了设备的生产强度，因而增加了设备投资。在实际生产中，应综合考虑能耗和设备投资，选定最佳效数。烧碱等电解质溶液的蒸发，因温差损失大，通常只采用 2～3 效；食糖等非电解质溶液，温差损失小，可采用 4～6 效；海水淡化蒸发的水量大，在采取多种减少温差损失的措施后，可采用 20～30 效。

如果将雾沫控制在较低水平，所有挥发性污染物基本可以在一个蒸发器内去除。挥发性污染物如氨气，相对分子质量较低的有机酸、挥发性和放射性物质等，可以在初级蒸发阶段去除，但如果其浓度很低时，这类污染物可能仍会存留在最终产物中。随着级数的增加，处理成本增加至不可接受的程度时，该级被取消。

2. 多级闪蒸工艺

多年来，多级闪蒸工艺一直用于制取工业脱盐水。在多级闪蒸工艺中，首先经预处理去除废水中的悬浮固体和氧气，再经泵加压后进入多级蒸发系统的传热单元，将原料加热到一定温度后引入闪蒸室。每一级均应控制在较低压力下操作。由于减压引起水的汽化，所以以称该工艺为闪蒸。当废水通过减压喷嘴进入每一级时，一部分水由于压力降低成为过热溶液而急速地部分汽化，蒸汽在冷凝管外侧冷凝并进入集水盘内。当蒸汽冷凝时，可利用其潜热将返回主加热器的废水预热，预热后的废水在主加热器内被进一步加热后进入第一级闪蒸器。当浓缩后的废水压力降至最低时，则被加压后排出。从热力学的观点分析，多级闪蒸效率低于常规蒸发，但是，若将多级蒸发器组合在一个反应器内，则可以省去外部连接管线，降低建设投资。

3. 气压式蒸馏工艺

在气压式蒸馏工艺中，利用蒸汽压力增加产生的温差传递热量。废水经过初步加热后，启动气泵，在较高压力下使蒸汽在冷凝管内冷凝，同时使等量的蒸汽从浓缩液中释放出来。换热器可使冷凝液和浓缩液两部分中的热量保持平衡，在操作过程中唯一需要的能量输入是气泵的机械能耗。为防止锅炉内盐浓度过高的情况发生，必须定时排放高浓度浓缩废水。

（四）蒸发法在废水处理中的应用

在工业废水处理中，蒸发法主要用来浓缩和回收污染物质。

1. 浓缩高浓度有机废水

造纸黑液、酒精废液等高浓度有机废水可以用蒸发法浓缩回收溶质。例如，在酸法纸浆厂，将亚硫酸盐纤维素废液蒸发浓缩后，可以用作道路黏结剂、砂模减水剂及生产杀虫剂等，也可将浓缩液进一步焚烧，用来回收热量。

2. 浓缩回收废酸、废碱

采用浸没燃烧法处理酸洗废液已经被广泛工业化应用，且取得很好的环境经济效益。纺织、化工、造纸等工厂的高浓度碱液，可以采用蒸发法浓缩后回用于生产。例如，印染厂的丝光机废碱液，通常采用蒸发法浓缩回用。

3.浓缩放射性废水

废水中大多数放射性污染物是不挥发的，可以用蒸发法浓缩，然后将浓缩液封闭，让其自然衰减。一般经过二效蒸发，即可浓缩到原来的 200 ～ 500 倍。这样大大减小了储罐体积，降低了处理费用。

二、结晶法

（一）基本原理

结晶就是通过蒸发浓缩或降温，使废水中具有结晶性能的溶质达到过饱和状态，先是形成许多微小的晶核，然后再围绕晶核长大，从而将过饱和的溶质析出的过程。

结晶的必要条件是溶液达到过饱和。水溶液中溶质的溶解度往往与温度密切相关。大多数物质的溶解度随温度升高而增大；有些物质的溶解度随温度升高而减少，有些物质的溶解度受温度的影响很小。

因此，通过改变溶液温度或移除部分溶剂来破坏现有的溶解平衡，从而使溶液呈过饱和状态，即可析出晶体。

利用结晶法处理废水的目的主要是分离和回收有用的物质。晶粒的大小和晶体的纯度是回收物质品位的重要指标。其主要影响因素有以下几点。

①溶质的浓度。溶液的过饱和度越高,越容易形成众多的晶核,晶粒就比较小。

②溶质的冷却速度。冷却速度越快，达到过饱和状态的时间就越短，也就越容易形成晶核，晶体颗粒也就越小而多。

③溶液的搅拌速度。缓慢搅拌过饱和溶液，有助于晶核快速形成，并使晶粒悬浮于水中，促使溶质附着成长，晶粒较大；反之，如果搅拌速度过快，形成的晶粒就小而多。

④悬浮杂质的含量。悬浮杂质很多时，晶核较多，晶粒就比较小。同时，一些悬浮杂质可能黏附在晶体上，降低晶体的纯度和质量。因此，在结晶操作前，需要滤除悬浮物。

⑤水合物的形式。晶体往往以水合物的形式出现。在不同的条件下，可以生成不同的水合物，它们具有不同的晶格、颜色和用途。

在实际操作中，应根据需要来调节以上几个因素，从而得到大小、数量、纯度、形态适当的晶体。

（二）结晶设备

结晶设备可以根据结晶过程中是否移除溶剂来划分。

在移除溶剂的结晶方法中，溶液的过饱和状态可以通过溶剂在沸点时的蒸发或在沸点时的汽化而获得。结晶设备有蒸发式、真空蒸发式和汽化式等。这种方法主要适用于溶解度随着温度变化不大的物质的结晶。

在不移除溶剂的结晶方法中，溶液的过饱和状态是用冷却的方法来获得的。结晶设备有水冷却式和冰冻盐水冷却式。这种方法主要适用于溶解度随温度降低而显著减小的物质的结晶。

废水处理中常见的结晶设备有以下几种：

①结晶槽。结晶槽属于汽化式结晶器，是一个敞口槽。槽中的结晶完全靠溶剂的汽化来实现，因此结晶时间较长，晶体较大，且产品纯度不高。

②蒸发结晶器。有时先在蒸发器中进行浓缩，再将浓缩液移入另一个结晶器中，完成结晶。

③真空结晶器。真空结晶器中真空的产生和维持是利用蒸汽喷射泵来实现的，这样可以使溶剂在低于沸点的条件下汽化。这种结晶器可以连续操作，也可以间歇操作，还可以采用多级操作，其操作原理与多效蒸发器相同。

这种结晶器结构简单，制造时采用耐腐蚀材料，可以处理腐蚀性废水，生产能力大，操作简单，但费用和能耗较高。

④连续式敞口搅拌结晶器

这种结晶器是一种敞开的长槽，底部呈半圆形，槽外有水夹套，槽内装有低速带式搅拌器。热而浓的溶液由结晶器的一端进入槽内，沿槽流动。同时夹套内的冷却水逆向流动。由于冷却作用，若控制得当，溶质在进口处附近就开始形成晶核。这些晶核随着溶液的流动而长大为晶体，最后由槽的另一端流出。这种结晶器的生产能力大，而且由于搅拌，晶体粒度细小，大小均匀而且完整。

（三）结晶法在工业废水处理中的应用

1. 从酸洗废水中回收硫酸亚铁

在对钢材进行热加工时，钢材表面会形成一层氧化铁皮。在金属加工前需要用硫酸、盐酸或硝酸等对金属进行清洗，产生酸洗废水。一般采用浓缩结晶法回收废酸和硫酸亚铁。例如采用蒸汽喷射真空结晶法，可以生产出 $FeSO_4 \cdot 7H_2O$ 晶体，含硫酸等的母液可回用于钢材的酸洗。

2. 从化工废液中回收硫代硫酸钠

当废水中存在几种都有结晶性质的溶质时，则按照它们不同的溶解度以及温度控制，使先后达到过饱和状态的溶质分别析出与分离。

如某化工厂的废液中含有氯化钠、硫酸钠和硫代硫酸钠。这三种物质的溶解度随温度的变化规律不同。利用这一特性，可以把废液蒸发浓缩，使 NaCl 和 Na_2SO_4 首先达到过饱和而结晶，并把它们分离出来。然后冷却废液，降低硫代硫酸钠的溶解度，在缓慢搅拌下，使其结晶，进一步回收硫代硫酸钠。

3. 从含氰废水中回收黄血盐

在焦化厂、煤气厂的含氰废水中，含氰浓度一般在 150 ～ 300 mg/L，利用蒸发结晶法进行处理，每天可以回收含黄血盐 350 ～ 400 g/L 的溶液 500 L，可以制得黄血盐结晶产品 150 kg。

第五章 石油工业废水处理及资源化利用

石油化工是我国国民经济的支柱产业之一，在石油精炼过程中会产生大量含有环烷酸、酚类、苯系物、石油类等有机污染物及无机盐的工业废水，石油工业废水的处理是我国需要重点关注的废水处理领域。随着排污标准的日益提升，如何进行技术创新和进一步提升废水处理水平是目前石油化工行业面临的一个重要问题。本章为石油工业废水处理及资源化利用，主要介绍了石油工业废水的产生、石油工业废水水量与水质、石油工业废水处理与回用、影响石油工业废水处理效能的因素、石油工业废水处理工程实例这几方面内容。

第一节 石油工业废水的产生

一、石油炼制过程

石油炼制（简称"炼油"）就是以原油为基本原料，通过一系列炼制工艺（或过程），例如常减压蒸馏、催化裂化、催化重整、延迟焦化、脱沥青、脱蜡、精制等，把原油加工成各种石油产品，如各种牌号的汽油、煤油、柴油、润滑油、溶剂油、重油、蜡油、沥青和石油焦，以及生产各种石油化工基本原料。炼油工艺流程如图 5-1 所示。

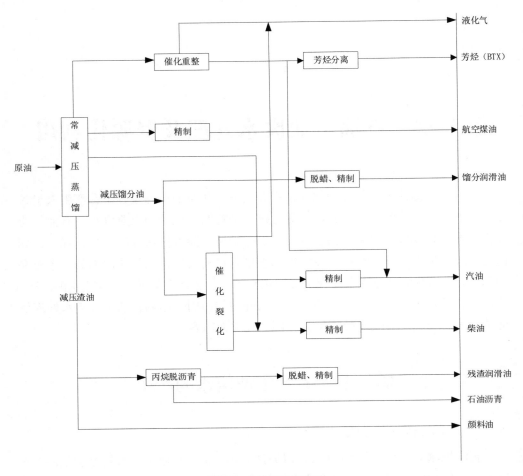

图 5-1　炼油工艺流程

（一）常压蒸馏和减压蒸馏

常压蒸馏和减压蒸馏习惯上合称常减压蒸馏，常减压蒸馏基本属于物理过程。原料油在蒸馏塔里按蒸发能力分成沸点范围不同的油品（称为馏分），这些油有的经调合、加添加剂后以产品形式出厂，相当大的部分是后续加工装置的原料，因此，常减压蒸馏又被称为原油的一次加工。

在常减压蒸馏前需要对原油进行脱盐、脱水预处理。原油往往含盐（主要是氯化物）、带水（溶于油或呈乳化状态），可导致设备的腐蚀、在设备内壁结垢和影响成品油的组成，需在加工前脱除。常用的办法是加破乳剂和水，使油中的

114

水集聚，并从油中分出，而盐分溶于水中，再加以高压电场配合，使形成的较大水滴顺利除去。

（二）催化裂化

催化裂化是在热裂化工艺上发展起来的，是提高原油加工深度，生产优质汽油、柴油最重要的工艺操作。原料主要是原油蒸馏或其他炼油装置的 350 ～ 540 ℃馏分的重质油。

催化裂化工艺由三部分组成：原料油催化裂化、催化剂再生、产物分离。催化裂化所得的产物经分馏后可得到气体、汽油、柴油和重质馏分油。有部分油返回反应器继续加工称为回炼油。催化裂化操作条件的改变或原料波动，可使产品组成波动。

（三）催化重整

催化重整（简称"重整"）是在催化剂和氢气存在下，将常压蒸馏所得的轻汽油转化成含芳烃较高的重整汽油的过程。如果以 80 ～ 180 ℃馏分为原料，产品为高辛烷值汽油；如果以 60 ～ 165 ℃馏分为原料，产品主要是苯、甲苯、二甲苯等芳烃，重整过程中副产的氢气可作为炼油厂加氢操作的氢源。重整的反应条件：反应温度为 490 ～ 525 ℃，反应压力为 1 ～ 2 MPa。重整的工艺过程可分为原料预处理和重整两部分。

（四）加氢裂化

加氢裂化是在高压、氢气存在的条件下，利用催化剂，把重质原料转化成汽油、煤油、柴油和润滑油的过程。加氢裂化由于有氢存在，原料转化的焦炭少，可除去有害的含硫、氮、氧的化合物，操作灵活，可按产品需求调整。产品收率较高，而且质量好。

（五）延迟焦化

延迟焦化是在较长的反应时间下，使原料深度裂化，以生产固体石油焦炭为主要目的，同时获得气体和液体产物的过程。延迟焦化用的原料主要是高沸点的渣油。延迟焦化的主要操作条件是：原料加热后温度约为 500 ℃，焦炭塔在稍许正压下操作。改变原料和操作条件可以调整汽油、柴油、裂化原料油、焦炭的比例。

（六）炼厂气加工

原油一次加工和二次加工的各生产装置都有气体产出，总称为炼厂气，就组成而言，主要包括氢、甲烷、由 2 个碳原子组成的乙烷和乙烯、由 3 个碳原子组成的丙烷和丙烯、由 4 个碳原子组成的丁烷和丁烯等。它们的主要用途是作为生产汽油的原料和石油化工原料以及生产氢气和氨。发展炼油厂气加工的前提是要对炼厂气先分离后利用。炼厂气经分离作化工原料的比重增加，如分出较纯的乙烯可作乙苯，分出较纯的丙烯可作聚丙烯等。

二、废水污染源

炼油废水主要来自原油脱盐脱水、沉降分离、常减压、催化裂化等装置，以及某些馏分的精制等过程中产生的生产废水，一般包括含油废水、含硫废水、含碱废水、冷却水以及一些特殊化合物废水等。

（一）含油废水

含油废水是炼油厂排水量最大的一种废水，主要来自油品和油气的冷凝水和洗涤水等，可分为游离态含油废水和乳化油废水。游离态含油废水静置一段时间后，油将浮于水面，含油量为原油的 0.1% ～ 2%。乳化油废水来自润滑油、脂、燃料油等过程的化学处理，蒸馏塔的分离器、冷凝器、油槽的洗涤等，含量为原油的 1% ～ 3%。废水温度较高，除含油外，还含有悬浮物和有机质。

（二）含硫废水

含硫废水量比含油废水量小，主要来自催化裂化分馏塔分离水、催化富气水洗水、铂重整预加氢汽提塔分离水、预加氢反应器分离水、润滑油加氢精制低压分离水、焦化分馏塔顶汽油油水分离器排水等。含硫废水除含大量硫化物外，还含有大量的挥发酚和氨。含硫废水具有较强烈的恶臭，对设备和装置的腐蚀性较大。

（三）含碱废水

含碱废水是为脱除轻油中的硫醇、硫化氢及其他酸性物质，用氢氧化钠溶液洗涤而产生的浓废液。主要来自蒸馏塔碱洗罐、裂化碱洗罐、焦化碱洗罐等。废水中主要污染物有硫醇、硫酚、甲硫酸、甲酚、二氧化硫、酚类、有机及无机酸钠盐等。含碱废水主要包括 4 部分：酸中和的清洗废水和氢氧化钠处理后的洗涤废水；轻油的脱水处理；储存氢氧化钠的槽底洗涤废水；氢氧化钠处理的汽油槽底排放水。

（四）冷却水

冷却水是从间接冷却设备中排出的水。蒸馏过程中所需的大量冷却水，未与油品直接接触，污染程度较低，水量大，水温较高，一般在 35 ～ 45 ℃。若生产装置管理不善，则容易导致废水含油量较高。

（五）特殊化合物废水

炼油或石化工业所用的特殊溶液、萃取剂或所产生的特殊的化合物及副产品，有甲酚、异丁酸、硝基苯、丙酮、丁酮、苯、脂肪酸、甲醇等。废水中的这些成分，有些会增加需氧量和乳化作用，降低油的分类效率，而且这些化合物的价格较高，应当给予回收利用，避免排入水体。

第二节　石油工业废水水量与水质

一、废水水量和水质概述

石油工业废水水量和水质随原油性质、加工工艺、设备和操作条件的不同，其差异很大。在水质方面，由于原油来源不同，提炼过程含杂质形态皆不相同，而且不同的炼制程序也会产生不同种类的污染物。在水量方面，生产过程使用的蒸汽、生产用水、冷却水也会影响废水的总量。一般来说，石油工业废水的污染物种类，除了一般有机物之外，主要的污染物还有油脂、酚类、硫化物、氨氮等。

原油性质的不同对废水水质的影响极大，如加工高硫原油与加工低硫原油出水的废水中，油、硫、酚的含量相差 1 ～ 10 倍。一次加工过程排出废水的油、硫、酚的含量较低，而二次加工过程排出废水的油、硫、酚的含量较高。由于影响废水水量和水质的因素较多，因此，必须按照具体企业的实际情况，根据上述条件确定废水水量和水质，必要时，应通过实测确定。对新建炼油厂提供的水质参考：炼油化工综合废水 COD_{Cr} 800 ～ 1500 mg/L、BOD 300 ～ 500 mg/L、氨氮 50 ～ 100 mg/L，石油类 3000 ～ 10000 mg/L。

炼油厂的高浓度及特殊废水主要来自汽提的酸性废水、汽柴油脱硫醇等产生的混合碱渣废水及延迟焦化产生的高硫废水等，这些废水组成复杂，污染物含量高，如直接排入废水处理装置与其他废水一起处理，将会对生化系统造成严重冲击，应进行必要的分质预处理。

二、废水水质特点

石油工业废水处理需要考虑的主要污染物为石油类、COD、BOD、悬浮物、硫化物、挥发酚、氰化物以及氨氮等。石油工业废水的主要特点体现在以下几方面：

①废水量大，废水组分复杂，有机物特别是烃类及其衍生物含量高，难降解物质多，而且受碱渣废水和酸洗水的影响，废水的 pH 值变化较大。

②主要的污染物除一般有机物外，还有油脂、酚类、硫化物和氨氮等，并且含有多种重金属。

③废水中油类污染物粒径介于 100 ～ 1000 nm 的微小油珠易被表面活性剂和疏水固体所包围，形成乳化油，稳定地悬浮于水中，这种状态的油不能用重力法从废水中分离出来。只有大于 100 μm 的呈悬浮状态的可浮油，可以依靠油水相对密度差从水中分离出来。

④硫化物遇酸时会放出有恶臭的硫化氢，污染周围大气环境。

第三节 石油工业废水处理与回用

一、石油工业废水处理工艺流程

采用合适的处理工艺流程是确保废水达标排放的关键。在确定石油工业废水处理流程时，应慎重地积极采用各种新技术强化预处理，确保生化处理效能和采用适度的深度处理，以使处理水水质达标排放或回用。一般石油工业废水处理工艺流程如图 5-2 所示。

图 5-2　一般石油工业废水处理工艺流程

石油工业废水按处理程度可分为一级处理、二级处理和三级处理。一级处理的目的是除去废水中的悬浮固体、油状物、硫化物及较大形体物质，所用的方法包括重力分离法、气浮法等。二级处理的目的是除去生物可降解的溶解有机物，降低 BOD 和某些特定的有毒有机物（如酚），方法主要是凝聚法、生化法等。三级处理是深度净化，其目的是除去二级生化处理出水中残存的污染物，不能降解的溶解有机物，溶解的无机盐、氮、磷等营养物质，以及胶体或悬浮固体，使出水达到较高的排放标准和再生利用的净水标准，方法有吸附法、膜分离法等。

目前我国的石油工业废水一般采用以"隔油—浮选—生化"为主的处理工艺或在该基础上的改进工艺。隔油单元一般多是两级隔油，多数采用平流－斜板式隔油池或除油罐－平流式隔油池两级隔油设施。浮选单元一般也是两级气浮，多数采用全溶气气浮、部分回流溶气气浮、涡凹气浮等工艺。其中，一级采用涡凹气浮，以去除大粒径油滴；二级采用部分回流溶气气浮，以去除小粒径油滴。生化一般也是两级生化，虽然现在还有部分企业采用一级生化处理工艺，但是随着原油种类的变化，废水水质的污染加重，多数企业已经被迫将一级生化处理工艺逐步改造为二级生化处理工艺。采用较多的石油工业废水生化处理工艺有 A/O 工艺、氧化沟工艺、CASS 工艺和生物接触氧化工艺。除此之外，生物滤塔（池）、氧化塘也有部分工程使用。少数工程为了保证废水的达标率还增加了曝气生物滤池、活性炭吸附装置等后续处理设施。

二、石油工业废水处理主要技术

（一）重力分离法

一般石油类物质在水中存在的形式有三种。一为浮油，粒度大于等于 $100\ \mu m$，静置后能较快上浮，以连续相的油膜漂浮在水面上，浮油可通过撇油除去 $60\% \sim 80\%$。二为乳化油，粒度在 $0.1 \sim 10\ \mu m$，油水乳化形成 O/W 型乳液，以水包油的形式稳定地分散在水中，单纯用静置的方法很难实现油水分离。三为溶解油，为油水真溶液，粒度在 $10 \sim 100\ \mu m$，悬浮、弥散在水相中，在足够时间静置或外力的作用下，可凝聚成较大的油滴上浮到水面，也可能进一步变小，转化成乳化油。剩余在废水中的浮油、油水真溶液和乳化油采用一般的生物工艺很难将它们降解。其中，油水真溶液和乳化油在水中一般能稳定存在，当废水进入二级生化处理系统时，油乳将很快把生物膜或菌胶团包裹、覆盖，使水中的溶解氧不能进入菌胶团，生物的代谢受阻，传质速度减慢，乃至终止，轻则严重影响处理效果，重则使菌类缺氧死亡，这是二级生化处理装置能否有效、稳定、正常运行的关键。

重力分离法是根据油与水存在密度差，在重力作用下，经过一定的时间，使油自动浮于水面与水分离，去除水中浮油和大部分散油。重力分离法是一种最常见、最简单易行的除油方法，对粒径在 100 μm 以上的浮油去除特别有效，一般作为油水分离的预处理操作单元。重力分离法的特点是能接受任何浓度的含油废水，可除去大量的浮油。

隔油池是利用重力分离法的原理处理含油废水的一种专用构筑物。目前使用的隔油池有平板式隔油池和斜板式隔油池两种，它们的隔油效率分别可达 60% 和 70%。波纹板式和倾斜板式隔油池隔油效率更高，近年得到了推广。合理的水力设计和废水停留时间是影响除油效率的两个重要因素，停留时间越长，处理效果越好。

粗粒化油水分离法是在粗化剂（也称聚结剂）的作用下，含油废水中的细微油滴变成粗大的油珠（破乳分离）随水流出粗粒化剂床层。由于这种方法不加絮凝剂，所以除油效果比气浮法略差，但可不形成浮选渣。该方法可使出水含油量降至 10 mg/L 以下，并且节省了废渣再处理费用。

（二）蒸汽汽提法

蒸汽汽提法是把水蒸气吹进水中，当废水的蒸汽压超过外界压力时，废水就开始沸腾，这样就加速了液相转入气相的过程。当水蒸气以气泡形式穿过水层时，水和气泡表面之间形成了自由表面，这时，液体就不断地向气泡内蒸发扩散。气泡上升到液面时就开始破裂而放出其中的挥发性物质。蒸汽汽提法扩大了水的蒸发面，强化了传质过程的进行。石油工业废水中的挥发性溶解物质硫化氢、挥发酚、氨等都可以用蒸汽汽提法从废水中分离出来。硫化氢去除率在 99% 以上，氨去除率在 98% 以上，酚去除率在 40% 以上。汽提出的硫化氢可用炼厂废碱液吸收以生产硫氢化钠；汽提出的氨可用硫酸吸收生产硫酸铵。蒸汽汽提法适用于加工含硫原油产生的含硫量高的废水。处理含硫、含氨废水一般用双塔（氨气汽提塔和硫化氢汽提塔）工艺。

蒸汽汽提法的主要缺点是蒸汽耗量大，蒸汽用量一般为 170 ～ 230 kg/m³；不能处理以钠盐形式存在的含硫废水；如果不回收硫化氢气体，会污染大气。

（三）空气氧化法

空气氧化法适用于处理石化过程中产生的含硫量较低的废水及含硫废碱水。硫化物在水中一般都以铵盐和钠盐的形式存在，与空气中的氧接触后即发生氧化反应，有毒的硫化物经空气氧化法处理后可以被氧化成无毒的硫代硫酸盐及硫酸盐。反应的速度和深度取决于反应的温度、气水比的大小和气水的接触时间等。如果向废水中加入少量氨化铜或氧化钴作催化剂则几乎可将全部硫化物氧化成硫酸盐。

反应温度对氧化速度的影响相当显著。在 65 ～ 95 ℃范围内，随着反应温度的增高，氧化速度显著上升。空气的作用主要是为化学反应提供所需的氧，在气水比 15 ～ 30 范围内适当增大气水比可以改进气、液的混合，加大气、液的接触面，增加气相中氧的分压，从而加强氧传递的推动力。气、液接触时间对脱硫效果的影响，随着接触时间的增加，废水中残余硫化物的浓度亦相应地降低。一般反应时间在 60 ～ 90 min。

（四）絮凝法

絮凝法又称混凝法，其原理是向废水中投加一定比例的絮凝剂，使废水中残余油类污染物生成絮状物，然后用沉降或气浮的方法将其去除。在石油工业废水处理中以气浮法为多。

气浮法通常就是在石油工业废水中通入空气产生微细气泡，使水中的一些细小悬浮油珠及固体颗粒附着在气泡上，使浮力增大而随气泡一起上浮到水面形成浮渣（含油泡沫层），然后使用适当的除油设备将油除去。气浮法主要用于处理含油废水中靠重力分离难以去除的分散油、乳化油和细小的悬浮固体物。气浮法中应用最多的是加压溶气气浮法。为了提高浮选效果，向废水中加入无机或有机高分子絮凝剂，利用絮凝剂的电荷吸引和空气气泡的浮托原理达到除油目的，是去除废水中油和悬浮物的有效方法。

常用的絮凝剂分为无机絮凝剂和有机絮凝剂，其中无机絮凝剂主要是铝盐和铁盐，但传统的铝盐和铁盐絮凝剂投加量大、污泥产生量多，逐渐被高分子絮凝剂取代。无机高分子凝聚剂如聚合硫酸铁、聚合氯化铝等，有机高分子凝聚剂如聚丙烯酰胺、丙烯酰胺与丙烯酸钠共聚物等具有用量少、效率高的特点，并且受pH值限制小。经验表明，采用无机絮凝剂和有机絮凝剂双剂气浮较无机絮凝剂单剂气浮效果好。气浮供气方式对气浮处理效果影响极大。供气量的稳定性是确保气浮平稳操作的关键，采用厂内系统供气易受厂内其他装置用气量的影响，难以保证气浮稳定运行。而压缩空气泵供风则容易调节风量和风压，有利于气浮平稳运行，能够提高气浮处理效果。

（五）生化法

活性污泥法在国内外炼油厂废水处理中应用广泛，处理效果好，处理效率高，基建费用较低，但要求有较高的管理技术水平，运行费用较高。活性污染法主要用于处理要求高而水质稳定的废水。生物膜法与活性污泥法相比，生物膜附着于填料载体表面，使繁殖速度慢的微生物也能存在，从而构成了稳定的生态系统。但是，由于附着在载体表面的微生物量较难控制，因而在运转操作上灵活性差，而且容积负荷有限。

（六）臭氧氧化法

臭氧具有很强的氧化、脱臭、脱色和杀菌能力，对酚和氧化物等有显著的处理效果。采用臭氧氧化法对石油工业废水进行深度处理，可以对生物难降解物质发挥较好的处理效果，改善废水的可生化性，是使处理后的出水水质达标排放的可选择的方法之一。

从目前实际运行结果来看，该工艺运行较平稳、针对性强、无二次污染，对难降解的物料具有良好的降解作用；从将来的发展趋势来看，该工艺及其与其他工艺联用的方法将会越来越多地用于难降解石油工业废水的治理。但是，臭氧氧化法在反应中有选择性，导致臭氧的利用率低，因此成本较高，选用合适的催化剂有利于解决这一问题。

（七）吸附法

吸附法是指利用固体吸附剂对石油工业废水中的溶解油及其他溶解性有机物进行表面吸附的方法。最常用的吸附剂是活性炭，利用活性炭的物理吸附与化学吸附、氧化、催化和还原等性能去除废水中的多种污染物，可降低化学耗氧量，改善水的色泽，脱去臭味，把废水处理到可以再生利用的程度。而高吸油树脂作为一种新型环保材料，因其具有吸油倍率大、保油能力强和后处理方便等优点，成为一种极具发展潜力的吸油材料。

活性炭不仅可以吸附废水中的分散油、乳化油和溶解油，同时也可有效地吸附废水中的其他有机物。但吸附容量有限（对油一般为 30 ～ 80 mg/g），且成本高，再生困难，从而限制了它的应用。吸附树脂是近年发展起来的一种新型有机吸附材料，它的吸附性能良好，易于再生重复使用，有望取代活性炭。此外，煤灰、稻草、陶粒、木屑、改性膨润土、磺化煤、碎焦炭、有机纤维、吸油毡、石英砂等也可用作吸油材料。吸油材料吸油饱和后，根据具体情况，可再生重复使用或直接用作燃料。

高吸油树脂多是以长侧链烯烃为单体聚合而成的低交联度共聚物，根据合成单体的不同可把吸油树脂分为两类，一是丙烯酯类树脂，二是烯烃类树脂。因后者烯烃分子不含极性基团,使该类树脂对油品的亲和力更强,现已成为国外研究的新热点,但由于高碳烯来源较少,该研究方向尚处于摸索阶段,所以目前市场上主要还是丙烯酯类树脂产品。

(八) 膜分离法

膜分离法是利用膜的选择透过性进行分离和提纯的方法,它利用微孔膜将油珠和表面活性剂截留,主要用于除去乳化油和某些溶解油。乳化油处于稳定状态,用物理方法或者化学方法很难将其分离,这时用膜分离法可以取得很好的效果。膜分离法具有无须破乳、直接实现油水分离、不产生含油污泥、工艺流程简单、处理效果好等优点,但处理量较小,不太适合大规模废水处理,而且过滤器容易堵塞,运行成本较高。现在的研究更趋向于将各种膜处理方法结合或者与其他方法相结合使用,如将超滤法和微滤法结合分离炼油污水、膜分离法与电化学方法相结合等,也有将臭氧氧化法作为超滤法的前处理,从而延长超滤膜的使用寿命。

常应用于炼油废水处理的膜分离法包括反渗透法、超滤法、微滤法、电渗析法和纳滤法。膜分离法关键在于膜的选择,膜材料包括有机膜和无机膜两种,常见的有机膜包括乙酸纤维膜、聚砜膜、聚丙烯膜等,常用的无机膜包括陶瓷膜氧化铝、氧化钴、氧化钛等。

(九) 含酚废水的处理方法

酚类污染物对水质影响极大,当水体含酚 $0.1 \sim 0.2$ mg/L 时,鱼肉就有酚味;含酚 1 mg/L,会影响鱼产卵和洄游;含酚 $5 \sim 10$ mg/L,鱼类就会大量死亡。饮用水含酚,能影响人体健康。即使含酚浓度只有 0.002 mg/L,用氯消毒也会产生氯酚恶臭。炼油厂含酚废水的处理方法主要有汽提法、溶剂萃取法和静电萃取脱酚法。

①汽提法:用烟道气和蒸汽从塔底逆流汽提,塔底温度为 $77 \sim 82$ ℃,处理精制酚产生的含酚废水。

②溶剂萃取法:用各种装置排出的废水作为原油脱盐器的补充水,用原油作溶剂抽提硫化物和酚类。

③静电萃取脱酚法:用于处理催化裂化分馏塔塔顶馏出物中含有的大量酚;以装置循环油作萃取剂;进水含酚 300 mg/L 时,出水含酚降到 30 mg/L。

含酚废水经过一级处理后,汇入综合废水二级生化处理系统,进一步去除废水中的溶解有机物,降低 BOD 和含酚量,使之达到排放标准。

三、石油工业废水资源化利用

炼油废水的再生利用常采用物理、化学和生物深度处理方法，其中膜分离法、高级氧化法和生物深度处理方法是当前应用的主流。膜分离法主要用于炼油废水的脱油、去除悬浮物或者除盐。高级氧化法中臭氧氧化法在炼油废水回用中的应用较多，而电化学、光化学方法尚处于试验阶段。生物深度处理方法具有运行可靠、费用低等优点，能够获得良好的再生水。

采用悬浮载体生物氧化、砂滤和臭氧生物活性炭吸附等工艺深度处理炼油废水，去除污染物的种类多、效率高，总出水的水质良好，处理水可作为生活杂用水、景观用水等。其中，在臭氧生物活性炭吸附工艺中，臭氧的投加剂量低，活性炭的使用寿命长，对微量有机物和色度的去除效率高，副产物少，后处理简单，无须大量的后处理费用。

目前石油工业企业不同程度地开展了废水再生利用，其中经深度处理后用作冷却循环水补水的占绝大多数，少数实施了废水深度脱盐处理回用，用作工业用水或锅炉给水等。典型的深度处理流程包括曝气生物滤池处理—多介质过滤—消毒，生物活性炭处理—过滤—消毒，膜生物反应器—消毒，过滤—消毒—先进的循环水药剂处理，以及在上述工艺基础上再进行超滤（或连续微滤）—反渗透脱盐处理。但是，一些企业废水处理出水不够稳定，尚未建立完善的废水分流管网，是目前进一步提高炼油废水回用率和扩大回用规模的制约因素。

第四节　影响石油工业废水处理效能的因素

一、影响物化法处理效能的因素

（一）絮凝剂

絮凝法的处理效果主要与絮凝剂的类型和投加量有关。目前，常用的无机絮凝剂有硫酸铝、聚合硫酸亚铁、聚合氯化铝等，有机絮凝剂中聚丙烯酰胺应用广泛。一般随着絮凝剂投加量的增加，对石油类物质的去除率呈先升高后降低的趋势，对 COD 和氨氮的处理效果也呈此趋势，因此要根据实际情况选用适宜的絮凝剂及投加量。

（二）催化剂

通常用臭氧氧化法处理石油工业废水时，除了采用单一的臭氧氧化外，还会添加催化剂来改善其氧化性能。臭氧催化氧化常用的催化剂有很多，如二氧化锰、硫酸锰、双氧水等，它们的催化氧化功能和作用也各不相同。不同的催化剂都具有一定的催化作用，但其催化效率有限，且随氧化时间和催化剂用量的增加而增大。因此应针对废水特性选择合适的催化剂，或者采取多种催化剂联用的方法处理废水。

（三）吸附剂

吸附法中吸附剂的结构、孔径和表面能等也会影响对石油工业废水中溶解油的吸附。与表面光滑的吸附剂相比，表面粗糙的吸附剂具有更高的吸附量。同时，小孔径的吸附剂有利于促进其毛细作用，也使得吸附剂表面积增大。表面张力与表面能也会影响吸附剂的吸附性能，由于油的表面张力和吸附剂表面能的不同，吸附剂对各种油类的吸附性能也有所差异。

（四）温度

高温可以促进油分子的扩散，增加其和吸附剂的碰撞机会，减少反应时间，从而提高炼油废水的处理效率。但如果温度超过 80 ℃，油分子布朗运动的速度就会加快，对吸附剂与油分子之间的吸引力要求就会变高，从而对油分子的吸附产生不利影响。此外温度较高时，油的黏性也会降低，从而加速油的溶解，减少油的附着。

（五）膜比通量

膜比通量是指单位膜面积、单位压力下的膜出水流量，可以间接反映膜的阻力。膜分离过程中膜在石油工业废水中长时间浸泡，表面会附着各种污染物，会加大膜阻力，使膜通量降低。在处理过程中应采取措施降低膜阻力，单纯用水清洗并不能显著恢复膜通量，加入絮凝剂或者化学清洗剂可发挥较好的效果，但需要进一步确定混凝剂的投加量以及化学清洗时间。

（六）曝气方式及强度

不同的曝气方式对膜的临界通量也有不同程度的影响，且膜通量通常随曝气强度的增加而增加。在 100 L/h 的间歇曝气强度下，最大可增加 28.3% 膜通量；在连续曝气条件下，当曝气强度为 50 L/h 时，其临界通量大于间歇曝气强度最大时的临界通量；在 100 L/h 时，其临界通量可达 55.4%。因此在膜处理过程中，需要根据实际情况选择合适的曝气方式及强度。

二、影响生化法处理效能的因素

（一）pH 值

pH 值对生化前处理（隔油、气浮处理）及生化过程（有机物降解或氨氮降解、脱氮）均有严重影响。当 pH 值大于 9 时，含油废水易于出现乳化，不利于隔油处理和气浮处理；当 pH 值小于 5.5，或 pH 值大于 9.6 时，生化处理将受影响，活性污泥容易死亡或流失，硝化反应将完全停止，因此，必须控制合适的 pH 值环境。

（二）酚

酚是一种杀菌剂，它会对硝化菌的生长及繁殖产生抑制，应予以严格控制。要使硝化菌存在并保持良好的活性，就必须把酚含量控制在 3 mg/L 以下，否则将会影响硝化菌的生长、繁殖。工程运行表明，如果活性污泥中硝化菌受到高酚水冲击，硝化菌自身再生、繁殖周期会变长，造成硝化池的氨氮降解停滞，从而使氨氮长时间无法达标排放。

（三）石油类

在进入生物"硝化-反硝化"处理系统的废水中，石油类含量应控制在 20 mg/L 以下，进行硝化处理的装置则应控制更低的石油类含量，一般要求将进水的石油类含量控制在 10 mg/L 以下，否则将会因石油类在硝化菌表面形成油膜，抑制硝化菌的活性，影响硝化效果。

（四）有机污染物

随着国家对废水排放标准的修订和实施，对工业水污染物氮的排放已从只控制氨氮逐步转向控制总氮，为此目前废水处理工艺大多偏向于采用既能降解有机污染物（COD），又能降解氨氮进而实现反硝化脱氮的新工艺。在生物处理系统中，降解有机物的异氧菌与降解氨氮的硝化菌之间会相互竞争。异氧菌较硝化菌容易培育，而硝化菌则繁殖、生长慢。如果进入生化池的有机污染物很高，异养菌大量繁殖会抑制硝化菌的生长，因此实现硝化反应的前提是应严格控制进入硝化池的有机污染物。

（五）温度

硝化菌保持良好活性的合适温度在 25 ~ 32 ℃，低于 20 ℃硝化菌的活性会显著降低，高于 35℃也不利于硝化菌的生长。

（六）溶解氧

要使硝化菌保持良好的活性应保证处理体系的溶解氧(DO)含量大于 2 mg/L，而反硝化则要求溶解氧含量小于 0.5 mg/L，因此控制好溶解氧的含量成为实现硝化反硝化的关键。

（七）可生化性

石油工业废水的可生化性差，一般 $BOD_5/COD_{Cr} < 0.2$，属于难生化处理的废水。通常其处理的停留时间也较长，生化处理的停留时间大多在 30 h 以上。为此，选择恰当的处理工艺或预处理体系以改善石油工业废水的可生化性，是提高石油工业废水处理效能的有效手段之一。

总之，石油工业废水成分的复杂性和难生化性是其处理难度大的主要原因。在石油工业废水处理工艺流程中，对含油、含硫、含酚、含氨等废水的分质预处理，可有效地改善废水的各项指标，从而减轻对废水生物处理系统的冲击。在好氧处理池前设置水解酸化池，通过水解酶的作用使废水中的悬浮物及大分子化合物转化为可溶性、易降解的有机物，这样既可提高好氧装置处理有机物的效能，还可提高反硝化的效果，缓解污染物对硝化池的冲击，确保废水的氨氮降解及脱氮。

第五节　石油工业废水处理工程实例

一、工程概况

某炼油厂位于我国华北地区，炼油废水处理工程设计处理能力为 500 m³/h。随着该厂炼油产量提高和原油性质的变更，废水污染物浓度增加，水质成分更加复杂。原有的废水处理工程（以下简称"原有工程"）处理效率下降，不能满足生产发展和环保要求。2003 年，该厂对原有工程进行技术改造（改造后的工程简称为"改造工程"），以应对水量和水质的变化，使其能满足企业生产升级扩建的需要。

二、设计处理水量和水质

原有工程的设计处理水量为 500 m^3/h，设计水质如表 5-1 所示。处理出水水质执行《污水综合排放标准》（GB 8978—1996）二级标准。

表 5-1 原有工程的设计水质

名称	pH 值	COD_{Cr}/(mg/L)	NH_3-N/(mg/L)	石油类 /(mg/L)	硫化物 /(mg/L)	备注
进水	6～9	1200	80	500	20	—
出水	6～9	120	25	10	1	执行《污水综合排放标准》（GB 8978—1996）二级标准

三、原有工程的处理工艺流程

针对炼油废水的特点，原有工程采用了预处理物化生物处理技术，其处理工艺流程如图 5-3 所示。

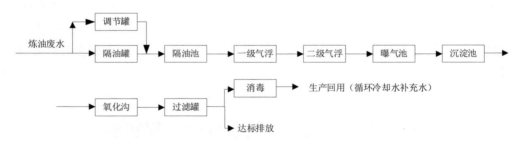

图 5-3 原有工程的处理工艺流程

四、原有工程存在的问题分析及改造工程的主要内容

（一）原有工程存在的主要问题

①原油中含有大量泥沙和油污，在隔油罐中产生沉积，不能及时排出，影响隔油效果和废水水质。

②进水污染物浓度较高，冲击负荷大。例如，2003 年 7 ～ 11 月由于碱渣装

置的改造，进水 NH_3-N 的浓度最高为 300 mg/L，平均为 92 mg/L，持续高于设计进水值，因此影响生物处理单元的正常运行。

③废水可生化性较差，碳氮比失调，影响废水生物处理效率和生物脱氮效果。

④氧化沟设计水力停留时间（HRT）不尽合理。本工程采用五沟式氧化沟，按自控程序运行。其中 1# 和 5# 沟交替作为进水和沉淀池。8 h 为一个运行周期，分为 4 个运行阶段，按 3∶1∶3∶1 进行控制。但是，在实际运行中，有时由于进水量不足，废水在氧化沟内实际 HRT 大于设计 HRT，进水沟内废水未能与其他沟内废水充分混合就排出沟外。同时由于废水沉降性能差，1#、5# 沟内活性污泥不能完全沉降，出水带泥，影响氧化沟出水水质。

⑤运行表明，溶气气浮方式处理炼油废水存在一些缺陷。例如，操作流程相对比较复杂，溶气释放器易于堵塞，在一定程度上影响处理装置正常运行和处理效果。

⑥氧化沟机械曝气机频出故障，造成氧化沟内溶解氧不足，影响活性污泥正常生长和降解有机污染物效果。

（二）改造工程主要内容

①改造隔油罐。采用先进的浮盘环流收油技术改造原有隔油罐，使该设备同时具有调节、均质、收油的功效，同时能及时排出罐内沉积的泥沙，增加隔油罐的缓冲能力，提高隔油效果，减轻后续处理单元的污染负荷。

②改造溶气气浮设备。将溶气气浮设备改为适宜处理含油废水的高效涡凹气浮设备，提高设备的可操作性，简化运行管理。

③改善生物处理进水水质，提高废水可生化性。将生活污水和清洁废水引入氧化沟，以改善生物处理进水水质，增加废水的可生化性，提高生物处理效果。

④调整氧化沟运行周期。将氧化沟运行周期由原来的 8 h 调整为 12 h，按 4∶2∶4∶2 进行控制。以增加每个周期的反应及沉降时间，使废水在氧化沟内充分混合和有足够的沉降时间，改善生物处理出水水质。

⑤改造曝气机关键部件，更换减速机。采用材质性能好、强度高、耐磨损的曝气机部件，以性能优良的新型减速机代替原有的减速机，提高曝气机的运行稳定性和效能。

⑥完善深度处理单元，确保处理水水质。增加生物处理后的过滤设备，更新

强度高、耐磨、化学稳定性好的滤料，增加消毒措施，实现废水达标排放及再生利用。

五、改造工程的处理效果

改造工程的处理效果如表 5-2 所示。

表 5-2　改造工程的处理效果

时间	油 /（mg/L）	硫化物 /（mg/L）	酚 /（mg/L）	氰化物 /（mg/L）	pH 值	COD_{Cr}/（mg/L）	NH_3-N/（mg/L）
2006 年 10 月	2.21	0.04	0.03	0	6.28	63.23	3.02
2006 年 11 月	3.31	0.05	0.03	0	6.13	64.71	3.56
2006 年 12 月	2.41	0.07	0.04	0	6.01	60.54	3.87
2007 年 1 月	1.72	0.06	0.04	0	6.07	56.53	2.80
2007 年 2 月	1.67	0.04	0.05	0	6.19	58.08	3.35
2007 年 3 月	1.53	0.05	0.04	0	6.21	71.76	3.63

六、讨论

①石油工业废水是具有较高有机污染物浓度、较高 NH_3-N 浓度的含油废水。本工程技术改造实践表明，石油工业废水采用物化预处理—生物处理—物化深度处理的工艺流程合理可行。处理后出水水质可满足达标排放和生产回用的要求。

②本工程运行表明，强化物化预处理是石油工业废水处理的关键。在本工程条件下，通过高效稳定的隔油设施和气浮处理，一般对油类的去除率在 80% ～ 90%，出水油含量能保持在 20 mg/L 以下，同时对 COD、SS、硫化物、酚等污染物有一定的去除率，改善了后续生物处理进水水质条件。

③生物处理是石油工业废水处理的核心。在本工程条件下，经稳定的氧化沟好氧活性污泥法生物处理后，对有机污染物去除率可达90%，并且通过生物作用，可进一步去除废水中的 NH_3-N、硫化物、挥发酚、氰化物等污染物质，为废水达标排放奠定基础。

④深度处理是石油工业废水处理达标排放及生产回用的保证。在本工程条件下，采用过滤，可以深度去除处理水中的 COD、NH_3-N、SS、油类等污染物质，使处理水水质达标排放。同时，经过滤处理后出水再经消毒处理，可使出水中的微生物等指标满足循环冷却水补充水的水质要求，实现废水处理生产回用。

第六章　煤炭工业废水处理及资源化利用

煤炭工业是我国重要的基础产业。长期以来，煤炭在我国一次能源生产和消费中占很大比重，在未来相当长的时期内，我国的能源供应格局仍将是以煤炭为主。据统计，我国煤矿平均吨煤排放废水量为 $2.0 \sim 2.5 \ m^3$，长期以来，煤炭工业一直是我国工业废水排放大户。煤炭工业废水中含有有机污染物和部分重金属元素，废水常呈酸性，悬浮物含量高，此外还含有石油类污染成分。为此，应十分重视煤炭工业废水处理及再生利用。本章主要介绍了煤炭工业废水的产生、煤炭工业废水水量与水质、煤炭工业废水处理工艺流程、煤炭工业废水资源化利用、煤炭工业废水处理工程实例这几方面内容。

第一节　煤炭工业废水的产生

一、生产分类

煤炭工业生产包括矿山建设与开采（井田开拓、井下采煤、露天采煤等），选矿与加工过程（选煤、煤炭加工利用、煤的转化、洁净煤等）。本节下面从煤炭工业废水处理与利用角度，重点介绍采煤、选煤，以及煤的焦化、气化和液化。

（一）采煤

按开采方法的不同，采煤可分为井下采煤和露天采煤。

1. 井下采煤

井下采煤生产系统包括采煤系统、掘进系统、通风系统、排水系统、供电系统、辅助运输和安全系统。其中，采煤系统的工作内容是工作面的落煤、装煤，直到将煤由工作面运至地面；掘进系统的工作内容是在当前生产的同时，开掘出新的工作面和采区；排水系统是指与采掘相配套的井下水沟、水仓、水泵及排水管路等。

2. 露天采煤

露天采煤就是移走煤层上覆的岩石及覆盖物，使煤敞露地面进行开采。露天开采的主要优点是，开采空间不受限制，可采用大型机械设备，矿山规模大，效率高，成本低，劳动条件好，生产安全。但是占用土地多，且会造成一定的环境污染等。

（二）选煤

选煤包括筛分和选煤。原煤先进行筛分，按粒度大小进行分级，并排除大块矸石和杂物。然后利用煤炭与其他矿物的密度、沉降速度和表面张力等性质的不同加工筛选煤，分选出低灰分精煤及其他各种规格的产品。

根据分选介质的不同，可将选煤分为湿法选煤和干法选煤，而以湿法选煤为主。选煤的工艺环节有破碎、筛分、跳汰选、重介选、浮选、特殊选、煤泥水处理、脱水、除尘、干燥等，这些工艺环节的相互配合，构成不同的选煤工艺流程。

（三）煤的焦化

煤的焦化在煤炭工业中十分重要，它主要是利用煤炭进行干馏制焦炭，并回收化工产品和煤气的过程。焦化工业总体上可以划分为备煤、炼焦、煤气净化（也就是化工产品的再利用）和化工产品精制。

（四）煤的气化或液化

煤的气化技术是一种将固体煤转变成可燃气体的技术，它可以使煤更加清洁、高效地利用。煤的气化指是通过与氢、空气、氧、水汽等气化剂在一定的温度、压力下进行化学反应，将可燃性物质转化为可燃性气体，而灰分则作为废弃物排出的过程。根据煤和气化剂的类型和成分不同，可以将其分成固定床气化、流化床气化、气流床气化等。

煤的液化技术能把难加工的固态物料转化为适合运输和储存的液态燃料，煤的液化技术的工艺过程如下：先将原煤烘干、破碎，然后用溶剂或循环油将其制成煤糊，再利用催化剂使其直接液化，或者用溶剂抽出、进行固液分离后用催化剂进行加氢裂解。此外，还可以将原煤采用干馏的方法制焦油，再采用加氢裂解、蒸馏等工艺得到合成石油。

二、废水污染源

（一）矿井水

矿井水是采煤生产的废水污染源。矿井水由矿井开采过程中的大气降水、地面水、地下水及生产用水组成。

按水质可将矿井水分为 5 类，即洁净水、含悬浮物水、高矿化度水、酸性水及特种污染废水。除洁净水外，其余几类废水均需加以处理。我国约有 70% 为缺水矿区，因此矿井水处理利用更为重要。

（二）煤炭洗煤废水

在洗煤生产过程中要用大量清水进行洗选分级，再经脱水后成为产品煤，脱水后的废水即为煤炭洗煤废水。

（三）煤焦化废水

在煤的焦化过程中，由于煤气洗涤、冷却、净化以及化学制品的循环利用等都会消耗大量的水，因而会产生大量的煤焦化废水。

（四）煤气化或煤液化废水

煤的气化过程中会夹带大量煤尘等杂质，粗煤气要通过不同的装置来冷却。在进行净化和冷却时，必须消耗大量的水，这就是所谓的煤气化废水。

煤液化废水是在煤直接液化和煤间接液化两个过程中产生的，其主要来源是加氢裂化、加氢精制、液化等。

第二节　煤炭工业废水水量与水质

一、矿井水废水量和水质

我国吨煤涌水量因地域而异，差别很大。北方矿井平均涌水量约为 3.8 m^3/t 煤；西北矿井大部分涌水量在 1.6 m^3/t 煤以下；南方矿井因受气候条件和地理环境影响，矿井涌水量大，平均在 10 m^3/t 煤左右。

矿井水流经采煤工作面时，将带入大量煤粉、岩粉等悬浮物。开采高硫煤时受煤层及其周围硫铁矿的氧化作用，使矿井水呈现酸性和高铁性。根据我国煤矿矿层状况，几乎不存在碱性矿井水排放的地区。因此，我国的矿井水为酸性矿井水和非酸性矿井水（主要指含悬浮物矿井水）。

酸性矿井水呈酸性，pH 值小于 6，悬浮物含量为每升数十至几百毫克，含有 Ca^{2+}、Mg^{2+}、Mn^{2+} 等阳离子和 SO_4^{2-}、Cl^- 等阴离子。根据酸性矿井水是否含有铁离子，又可细分为含铁酸性矿井水和不含铁酸性矿井水。含铁酸性矿井水含有 Fe^{2+} 或 Fe^{3+}。此外，酸性矿井水还含有一定量的油类（废机油、乳化油等）。

非酸性（含悬浮物）矿井水主要含有悬浮物，SS 含量视矿区和不同排水时期而异，差别较大，一般为每升几十至数百毫克。

二、煤炭洗煤废水水量和水质

据统计，煤炭洗煤高浓度废水水量为 $0.2 \sim 0.3$ m^3/t 煤。洗煤废水含有大量煤泥和泥沙，又称为泥煤水，悬浮物浓度在 5000 mg/L 以上。

洗煤废水的主要污染物为煤粉、泥化后的矸石和高岭土等微细颗粒，油类物质（煤油、柴油等浮选剂），以及在泥煤水闭路循环处理过程中投加的有机药剂（起泡剂、捕集剂、抑制剂、助滤剂、絮凝剂等）。一般洗煤废水水质：pH 值在 $7.5 \sim 8.5$，SS 含量为 5000 mg/L 至数万毫克每升，COD 值为 3000 mg/L 至数万毫克每升。

三、煤焦化废水水量和水质

煤焦化废水的组成比较复杂，既有有机污染物，又有无机污染物。其中有机污染物种类繁多，以苯系物、酚类、多环芳烃类、杂环类和多环类有机物为主，由于有机物的大量存在，一般煤焦化废水的 COD 值在 3000 mg/L 以上，有些甚至达到 20000 mg/L。难降解有机物的治理比较困难，无机污染物主要有氨氮、氰化物、硫氰化物、Cl^-、S^{2-} 等。

煤焦化废水中有机物主要是杂环化合物和芳烃类，其 BOD5/COD 值在 $0.28 \sim 0.32$，不易被微生物直接利用，因而其可生化性很差。煤焦化废水氨氮浓度也比较高，高浓度氨氮会抑制微生物的活性。同时，煤焦化废水中的氰化物、各种杂环化合物均为有毒污染物，对微生物具有一定的毒性，其浓度已超出了微生物的耐受度。

四、煤气化或煤液化废水水量和水质

（一）煤气化废水水量和水质

据统计，煤气化废水水量为 $0.5 \sim 1.1$ m^3/t 煤。废水的颜色通常为暗棕色，具有一定的黏性，泡沫较多，pH 值为 $6.5 \sim 8.5$，属中性或碱性，有强烈的酚、氨臭味。COD 值大于 6000 mg/L，氨氮在 $3000 \sim 10000$ mg/L。污水中不仅含有大量的悬浮物、水溶性无机化合物，而且含有酚类化合物、苯及其衍生物、吡啶等。污水中不仅有氰化物、酚类等有毒物质，而且在焦油中也存在致癌物。由于原煤的组成和气化技术的不同，污水的水质也有很大的差别。德士古气化技术具有废水少、环境污染小等特点，但其对煤种的适应性不及鲁奇气化技术；而鲁奇气化技术产生的废水污染严重，尤其是含酚废水难以治理，且操作费用高；褐煤、烟煤的气化比无烟煤、焦煤的气化对环境的污染要严重。因此，根据不同的气化技术和煤种，需要采取有针对性的处理方法。

（二）煤液化废水水量和水质

煤液化废水的类型主要有煤直接液化废水和煤间接液化废水。煤直接液化废水排放量小，COD浓度高；高浓度的氨氮、硫化物具有较高的毒性；油类、盐类、悬浮物质SS含量较低；pH值为7.0～9.0的偏碱性废水。煤间接液化废水主要有煤气化废水、合成气和合成气合成液体产物的废水，也就是费托合成废水。煤气化之后的节点废水排放强度相对较低，而且大部分废水中都是可降解的有机物质，易于处理。在煤制油过程中，高温费托合成废水的COD浓度可在15000～17000 mg/L，而低温费托合成废水的COD浓度在1000～4000 mg/L，且具有较好的生化降解能力。

第三节　煤炭工业废水处理工艺流程

一、矿井水处理的主要技术和工艺流程

（一）酸性矿井水处理的主要技术和工艺流程

根据酸性矿井水的污染特点和水质，一般采用中和、沉淀和过滤技术进行处理。当酸性矿井水中的铁离子含量高时，采用二级综合处理，即先用中和沉淀技术进行一级处理，而后再用曝气、沉淀、过滤技术进行二级深度处理，以使处理水达标排放或回用。矿井水处理产生的污泥均应经浓缩、脱水，脱干污泥应因地制宜地妥善处置。矿井水处理一般采用石灰乳为中和剂。酸性矿井水石灰中和法处理工艺流程如图6-1所示。含铁酸性矿井水二级处理工艺流程如图6-2所示。

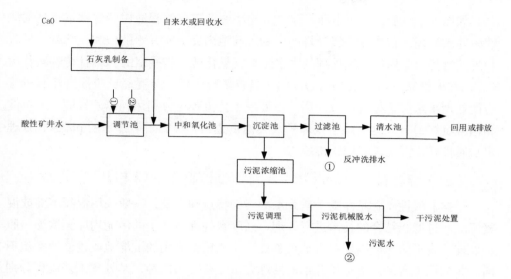

图 6-1 酸性矿井水石灰中和法处理工艺流程

如图 6-1 所示，石灰中和法处理酸性矿井水的工艺流程简单，操作方便，一般经处理后出水 pH 值为 6～9，除铁效率高，经处理后出水可实现回用或排放。

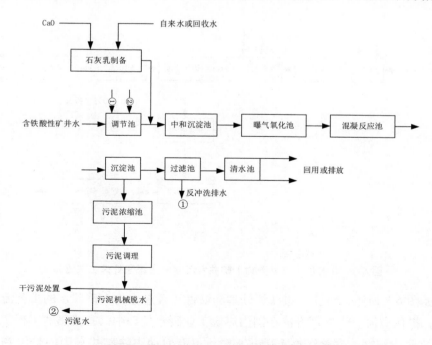

图 6-2 含铁酸性矿井水石灰中和－曝气沉淀法处理工艺流程

如图 6-2 所示，石灰中和－曝气沉淀法处理工艺流程适用于含铁量较高的酸性矿井水处理。首先在一级处理的中和沉淀池内完成矿井水的中和、絮凝、反应和沉淀过程。而后经一级处理的出水经曝气氧化池，将残留的 Fe^{2+} 社全部转化为 Fe^{3+}，在碱性条件下形成 $Fe(OH)_3$，具有絮凝作用，经混凝反应池沉淀和过滤后使处理水水质达标排放或回用。该处理工艺流程充分利用同离子效应、共沉淀和絮凝沉淀，有效地去除了铁离子及其他重金属，提高了矿井水的 pH 值，处理水水质良好，可实现回用或排放。

（二）非酸性（含悬浮物）矿井水处理的主要技术和工艺流程

根据非酸性（含悬浮物）矿井水的污染特点和水质，一般采用混凝沉淀或混凝沉淀与过滤相结合的技术进行处理。经废水处理后产生的污泥均应经浓缩、脱水处理，脱干污泥应因地制宜地妥善处置。依据所采用的沉淀池或过滤池类型不同，非酸性（含悬浮物）矿井水的处理方法主要分为两种，其处理工艺流程分别如图 6-3 和图 6-4 所示。

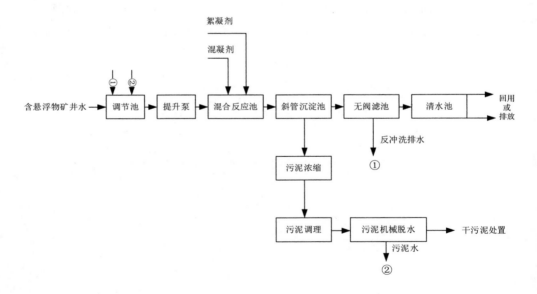

图 6-3　非酸性（含悬浮物）矿井水沉淀－过滤法处理工艺流程

如图 6-3 所示，沉淀－过滤法处理非酸性（含悬浮物）矿井水的工艺流程较简单，操作方便。该处理方法在国内煤炭工业废水处理中已有成熟的工程实践。一般处理非酸性（含悬浮物）矿井水时，可有效地去除矿井水中的悬浮物，经处理后出水的 SS 浓度小于 100 mg/L，浊度为 5 ～ 10NTU。出水水质良好，可实现回用或排放。

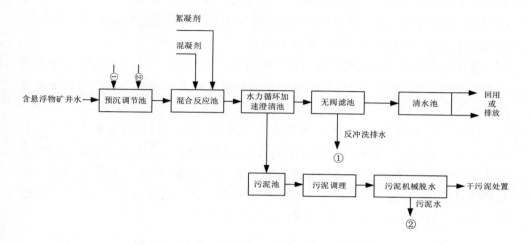

图 6-4　非酸性（含悬浮物）矿井水澄清 - 过滤法处理工艺流程

如图 6-4 所示，澄清 - 过滤法处理非酸性（含悬浮物）矿井水的工艺流程成熟，在国内煤炭工业废水处理实践中有着较为广泛的应用。该处理方法能有效地去除非酸性（含悬浮物）矿井水中的悬浮物和胶体物质，并能有效地去除矿井水中的油类物质，出水水质良好，可实现回用或排放。

二、煤炭洗煤废水处理的主要技术和工艺流程

洗煤废水具有悬浮物浓度高、细小颗粒含量多、颗粒表面带有较强的负电荷、黏度小、过滤性能差的特点。废水 COD 含量高，且废水中 COD 同 SS 具有线性关系。所以，洗煤废水的处理一般都以去除 SS 为目标。在降低 SS 的同时，COD 也随之降低。

洗煤废水一般采用物化处理就能达到排放要求或实现回用。根据洗煤生产工艺，洗煤废水排放呈周期性和水质不均匀性。为了保证后续处理单元的正常运行和处理效果，应在进行物化处理之前设置调节池。

对于较低浓度的洗煤废水，目前国内外一般采用投加絮凝剂聚丙烯酰胺（PAM）的方法进行处理，但对于高浓度洗煤废水，采用这种方法处理效果不甚明显，即使加大 PAM 的投加量，效果仍不理想。其原因是高浓度洗煤废水的电动电位（ζ 电位）高，静电斥力大，颗粒之间很难产生凝聚。试验结果表明，

对于高浓度洗煤废水，单独采用一种无机或有机混凝剂，处理效果不理想。因此，目前国内采用无机混凝剂和有机高分子絮凝剂联合使用的方法处理高浓度洗煤废水。采用这种处理方法的基本原理是，先通过无机混凝剂压缩双电层，降低半电位，然后再借高分子絮凝剂絮体化功能，将废水中的细小颗粒凝聚成较大的颗粒，提高沉降速度，从而提高沉降分离的效果。

洗煤废水处理中的无机混凝剂可采用石灰、电石渣等，而有机高分子絮凝剂可选用 PAM。混凝剂和絮凝剂的投加量应根据洗煤废水的水质和处理要求通过试验确定。

应用石灰乳和 PAM 处理洗煤废水的主要机理是：石灰乳主要含有 Ca^{2+}、OH^- 和 $Ca(OH)_2$。石灰乳在洗煤废水混凝过程中直接起作用的是 Ca^{2+}。Ca^{2+} 通过压缩双电层，降低了 ζ 电位，使煤泥颗粒发生凝聚。此外，Ca^{2+} 还能去除对悬浮物具有一定稳定作用的有机杂质，提高处理效果。$Ca(OH)_2$ 对混凝不起直接作用，但它能与洗煤废水中的 SiO_2 发生式如下：

$$5Ca(OH)_2 + 5SiO_2 \rightarrow 5CaO \cdot 5SiO_2 \cdot H_2O \qquad (6-1)$$

式中的反应产物为硬硅酸钙石，具有一定的强度，能够改善煤泥的过滤性能。但是，若单独投加石灰，则形成的絮体小，沉降速度缓慢，沉降时间长。PAM 的作用是通过高分子的吸附架桥作用，使絮凝体变大，改善颗粒沉降性能，强化处理效果。

应用电石渣处理洗煤废水的机理与石灰相似。

煤泥水的处理处置是洗煤废水处理的重要组成部分。目前，国内主要是采用板框压滤机对煤泥水进行脱水处理。板框压滤机脱水效果稳定，脱干污泥含水率在 80% 以下，煤泥回收率高，运行稳妥可靠，是处理煤泥特别是高灰分细煤泥的一种高效设备。

根据洗煤废水的污染特点和生产回用水水质要求，一般洗煤废水采用预浓缩－混凝沉淀（加速澄清）法或气浮－回用法的处理工艺流程，分别如图 6-5、图 6-6、图 6-7 所示。

在如图 6-5 所示的处理工艺流程中，洗煤废水先经预浓缩池以去除部分粗颗粒煤泥，减轻后续混凝沉淀处理单元的污泥负荷，而后投加混凝剂和絮凝剂进行混凝反应，在胶体脱稳、吸附、架桥等作用下，形成大量絮状矾花，在沉淀池中进行重力沉降，实现泥水分离。沉淀池出水经加酸调节 pH 值后进入清水池进行回用。经预浓缩池和沉淀池分离出来的煤泥采用板框压滤机脱水，煤泥回收，煤泥水返回预浓缩池再处理。该处理工艺流程操作简单、方便，可实现洗煤废水回用和煤泥回收，节约资源和能源。某矿洗煤厂洗煤废水处理工程应用表明，采用该处理工艺流程后，在进水 pH 值在 8.2～8.5、SS 浓度在 60400～107500 mg/L、COD 浓度在 430～38700 mg/L 的情况下，经处理后出水 pH 值在 7.8～8.4、SS 浓度在 40～80 mg/L、COD 浓度在 24～50 mg/L。

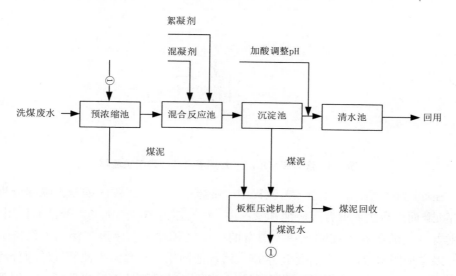

图 6-5　洗煤废水预浓缩－混凝沉淀法处理工艺流程

在如图 6-6 所示的处理工艺流程中，洗煤废水先经预沉调节池以去除部分粗颗粒煤泥，再进行混凝反应经压缩双电层，降低 ζ 电位，在胶体脱稳、吸附、架桥作用下，改善沉降性能，提高泥水分离效果。该处理工艺流程采用机械加速澄清池为泥水分离单元，集混凝、反应、澄清等功能于一体，处理效率高，处理构筑物（设备）紧凑，占地面积小。机械加速澄清池的上清液经加酸调整 pH 值后自流入清水池回用。经预沉调节池和加速澄清池分离出来的煤泥采用板框压滤机脱水，煤泥回收，煤泥水返回预沉调节池再处理。洗煤废水采用预沉－加速澄清法处理结果表明，一般处理后出水 pH 值在 7.5～8.2，SS 浓度小于 90 mg/L，COD 浓度小于 70 mg/L。

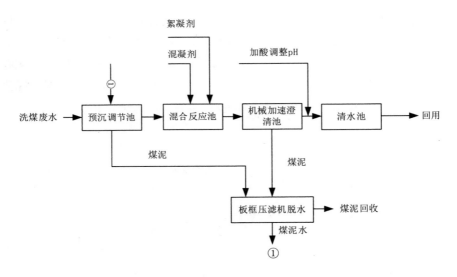

图 6-6　洗煤废水预沉 - 加速澄清法处理工艺流程

在如图 6-7 所示的处理工艺流程中，洗煤废水先进入预浓缩池去除部分粗颗粒煤泥，而后再进入混合反应池和气浮池。在气浮池内微气泡的上升浮力作用下，将附着其上的矾花（连同矾花上附着的细煤泥颗粒）上浮至气浮池（设备）表面，以实现泥水分离。气浮池出水排入清水池回用。经预浓缩池和气浮池分离出来的煤泥经板框压滤机脱水，煤泥回收，煤泥水返回预浓缩池再处理。采用预浓缩 - 混凝气浮法处理洗煤废水，去除效率较高。工程实践表明，在进水 pH 值为 7.1 ～ 8.3、SS 浓度在 3700 mg/L 以下、COD 浓度在 210 mg/L 以下的情况下，经处理后的出水 pH 值为 7.5 ～ 8.5、SS 浓度为 35 ～ 70 mg/L、COD 浓度为 20 ～ 55 mg/L 之间。

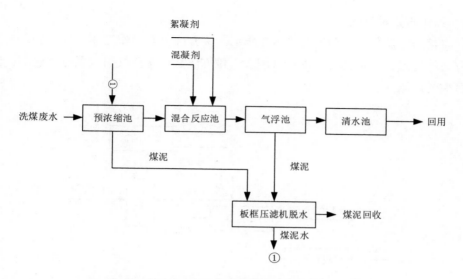

图 6-7 洗煤废水预浓缩－混凝气浮法处理工艺流程

在煤炭工业废水处理中，混凝药剂的混合反应以管道混合反应为多，沉淀池的类型以斜管（板）沉淀池为多。另外，关于洗煤废水处理的浓缩池（机）、斜管沉淀池等设计参数读者可参阅《煤炭洗选工程设计规范》（GB 50359—2016）。

三、煤焦化废水处理的主要技术和工艺流程

目前对煤焦化废水的治理多采取预处理、生物处理和深度处理相结合的方式。预处理主要用于对煤焦化废水中的某些污染物，如氨、酚、油等进行再利用，以改善其生化性能；生物处理主要用于对酚氰废水进行无害化处理，主要以活性污泥为主，包括生物铁、添加生长素、加强曝气等生物处理工艺；深度处理主要用于对煤焦化废水进行回收和再利用。由于深度处理工艺还不够成熟，下面仅对前两种处理工艺进行论述。

（一）煤焦化废水预处理

1. 蒸氨预处理

煤焦化废水中的氨氮处理是一个具有挑战性的课题。从环保的观点来看，煤焦化废水中的氨氮主要是采用硝化－反硝化生物处理工艺来去除的。

143

（1）直接蒸氨法

直接蒸氨法的工艺流程如图 6-8 所示，该方法具有操作简便、设备少、工艺流程短等优点，但是其废水排放量较大。该方法是将水蒸气引入蒸氨塔底部，作为蒸馏的热源。

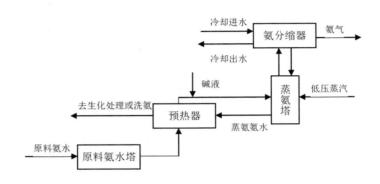

图 6-8　直接蒸氨法的工艺流程

（2）间接蒸氨法

间接蒸氨法的工艺流程图如图 6-9 所示。与直接蒸氨法比较，间接蒸氨法的工艺流程较长，设备多，能耗与直接蒸氨法相当。与直接蒸氨法不同，该方法采用的加热方式是对蒸氨塔底部的废水进行加热。

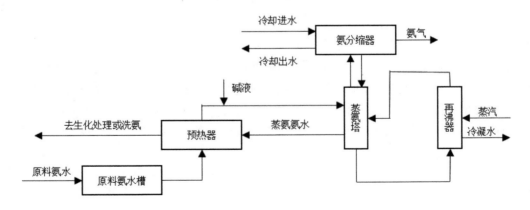

图 6-9　间接蒸氨法的工艺流程

2. 除油预处理

煤焦化废水中的焦油对后续生物处理构筑物的活性污泥活性有明显的抑制作用。煤焦化废水的预处理设备主要有除油池和浮选池两种，在现代煤炭工业行业，大部分的煤炭工业废水都是在蒸氨之前进行除油的，而蒸氨后的废水含油率很低，通常不超过 50 mg/L，现有的除油设备基本上以防御型的隔油池为主。

3. 脱酚预处理

由于酚具有很强的微生物抑制作用和回收利用价值，所以在污水中应先降低其浓度，并通过物理和化学的手段对其进行回收。目前对煤炭工业废水进行脱酚的预处理技术主要有蒸汽脱酚法、吸附脱酚法等。

（二）煤焦化废水生化处理

煤焦化废水中的有机物、氨氮、氰化物等污染物的含量较高，目前主要通过生物处理工艺进行脱除。生物处理工艺主要有好氧生物处理工艺和厌氧生物处理工艺两种，这取决于微生物在代谢过程中的需求。

好氧生物处理工艺主要有两种：活性污泥法和生物膜法。如图 6-10 所示是微生物在好氧条件下的代谢模式。好氧生物处理工艺是目前煤焦化废水中最常用的一种工艺，它是将有机物质从煤焦化废水中分离出来并将其转化为无机物的一项重要技术。

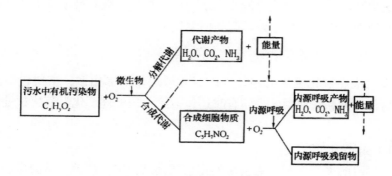

图 6-10 微生物在好氧条件下的代谢模式

厌氧生物处理工艺是指在没有氧气的情况下，通过厌氧微生物或兼性微生物，将大分子有机物分解成小分子物质，并生成甲烷的过程。厌氧生物处理工艺流程被划分为三个主要阶段（图 6-11）。

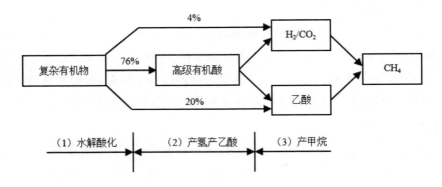

图 6-11 厌氧生物处理工艺流程三阶段理论

煤焦化废水中除了有机污染物外，还含有氨氮、有机氮、氰化物和硫氰化物。同时，氰化物、硫氰化物和绝大多数有机氮都可以通过微生物的作用而转变成氨氮。故煤焦化废水经过预处理后，其氨氮浓度仍在 300 mg/L 以上，难以达标，故进一步脱除氨氮十分重要。目前，活性污泥法、吸附－生物降解（AB）法、厌氧/好氧（A/O）法、A2/O 法、序批式活性污泥（SBR）法、MBR 法是煤焦化废水处理的主要方法。

四、煤气化或煤液化废水处理主要技术和工艺流程

煤焦化废水与煤气化或煤液化废水的成分相近，故对高浓度的煤气化或煤液化废水的处理与煤焦化废水处理有相似之处。

（一）煤气化或煤液化废水预处理

煤气化或煤液化废水的预处理内容和煤焦化废水相似，主要包括蒸氨预处理、脱酚预处理和除油预处理。有时还包括除浊预处理、化学氧化预处理和吸附预处理。

（1）除浊预处理

由于气流的夹带作用，煤炭在焦化、气化过程中会携带大量的煤尘，冷却后与废水中不能溶解的油相结合，使废水的浊度提高。欧洲的煤炭工业废水处理方法一般是先将悬浮物及油类杂质除去，再用蒸氨法和生物氧化法除去氨氮、酚硫氰化物和硫代硫酸盐。

（2）化学氧化预处理

高浓度煤气化或煤液化废水中存在着可生化降解性差的有毒物质，其对微生

物具有明显的抑制作用。为了改善废水的可生化性，可以在预处理阶段使用化学氧化法（特别是高级氧化法），以减少后续生物处理过程中的负荷。

（3）吸附预处理

利用吸附法预处理煤气化或煤液化废水，可以改善其可生化性。利用改性焦粉、废弃焦炭作吸附剂，将吸附后的焦粉、焦炭进行混合处理，可实现"以废治废"。但此工艺既要保证原料的稳定供给，又要寻找适当的改性方法来改善焦粉、焦炭等物料的吸附量，故上述处理工艺尚在探索阶段。

（二）煤气化/液化废水生物处理

1. 生物接触氧化法

生物接触氧化法是一种介于活性污泥和生物滤池之间的生物处理工艺。生物接触氧化法在工艺、功能及运行方面的特点如下：

①采用了有利于氧气转移、充分溶解氧气、适合微生物生存和繁殖的多种填料；能够生长具有很好的抗氧化性的丝状菌，而且不会产生污泥膨胀。

②填料表面完全覆盖生物膜，由于丝状细菌大量繁殖，可能会形成立体结构生物网，废水能起到"过滤"的作用，净化效果较好。

③在生物膜的表面进行曝气吹脱，不仅能够保持生物膜的活性，还可以抑制厌氧膜的生长，同时增加氧气的利用率，使活性生物量维持在较高的浓度。

④冲击负荷有较强的适应能力，在间歇运行条件下，其处理效果好，对于不均匀排水的企业，有一定的实际应用价值。

⑤操作简便、维修管理简单、无污泥回流、无污泥膨胀、不会产生滤池蝇。

⑥污泥产生量小，颗粒大，容易沉淀。

生物接触氧化法不仅可以对有机污染物进行有效脱除，而且在一定操作条件下，也可以用于脱氮。此方法的一个主要缺陷：在设计和操作不当时，会发生填料堵塞。另外，布水和曝气容易不均匀，在某些地方会出现死角。

2. 生物强化技术

生物强化技术是在生物处理系统中加入具有特殊功能的微生物，加入的微生物既可以来自原有处理系统，经过处理满足一定的功能后进行投加，也可以是外源微生物。在实践中，两种方法的选用与原有处理系统中的微生物成分和环境有关。利用这一技术，可以充分使微生物发挥其作用，使煤炭工业废水中的难降解有机物得到更有效的处理。

降低污泥的负荷可以有效改善处理效率，一般采用增加曝气池的污泥浓度来降低负荷（比如生物铁法、生长素法等）。许多新的或改良的生物处理工艺在煤气化或煤液化废水和煤焦化废水中的应用基本相同，所以上述处理工艺也可以应用于煤焦化废水的处理。

第四节　煤炭工业废水资源化利用

根据煤炭工业废水的污染特性、回用用途与回用水水质要求，煤炭工业废水再生利用的基本措施是：采用清洁生产技术；清浊分流综合利用；深度处理回收利用。

一、采用清洁生产技术

在煤炭生产过程中采用清洁生产技术，发展煤炭生产节水工艺，可以实现节水。例如，在煤炭采掘过程中采取有效措施，可以防止矿坑漏水或突水；开发和应用对围岩破坏小的先进采掘工艺和设备可以减少水的流失；开发和应用选煤生产工艺的动态跳汰机等设备可以减少洗煤用水量；开发和应用干法选煤工艺和设备，可以节水；等等。

二、清浊分流综合利用

根据我国矿井水污染特性，某些矿井水可将较洁净的岩缝裂隙水与因受到采掘生产活动影响不能直接使用的矿井水分流。对于能满足使用要求的裂隙水可在井下直接使用，而受污染的矿井水则经混凝沉淀（或澄清）、过滤、消毒处理后，大部分可回用于矿井的煤层注水、井下注浆、防尘、冲岩、配制乳化液等采煤用水。某矿矿井水清浊分流综合利用处理工艺流程如图 6-12 所示。经运行后表明，在进水水质 pH 值为 8.67、COD 浓度为 450 mg/L、BOD_5 浓度为 165 mg/L、SS 浓度为 550 mg/L、粪大肠菌群密度为 164 个 / 升的情况下，经处理后出水 pH 值为 8.32、COD 浓度小于 20 mg/L、BOD_5 浓度小于 4 mg/L、SS 浓度在 10 mg/L 左右，粪大肠菌群密度小于 3 个 / 升，出水水质符合矿井生产回用水质要求。

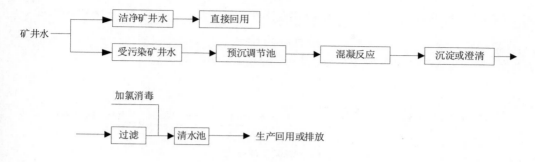

图 6-12　某矿矿井水清浊分流综合利用处理工艺流程

根据矿井生活废水的组成和污染特性，可以将其细分，将污染相对较轻、污染成分单一、排水量大且排放时间集中的浴室排水与其他生活污水分流。浴室排水经处理后出水水质可达到杂用水水质要求，能用于冲洗、绿化、冷却水补充水、浇洒道路等，以节约新鲜水资源。某矿矿井生活废水清浊分流循环利用处理工艺流程如图 6-13 所示。

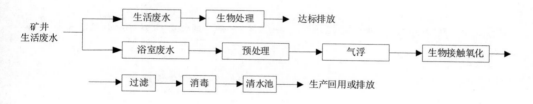

图 6-13　某矿矿井生活废水清浊分流循环利用处理工艺流程

三、深度处理回收利用

煤炭洗煤废水具有悬浮物含量高、颗粒粒度小、颗粒表面带负电荷等特点，是一种稳定的胶体体系。采用电石渣和 PAM 混凝沉淀法或采用 PAC 和 PAM 混凝气浮法深度处理可实现洗煤水回收利用。洗煤废水深度处理回收利用工艺流程如图 6-14 所示。

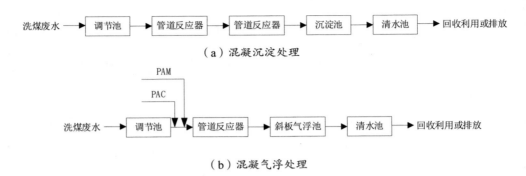

图 6-14　洗煤废水深度处理回收利用工艺流程

　　矿井水经混凝沉淀过滤处理后，进一步采用反渗透法处理，经消毒后回用于矿区生活饮用水，这是矿井废水更高层次的深度处理回收利用。矿井水反渗透法深度处理工艺流程如图 6-15 所示。

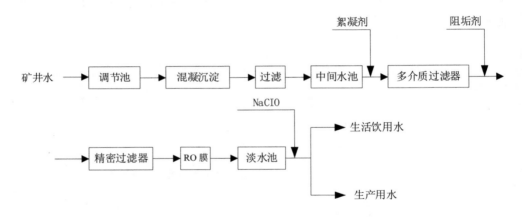

图 6-15　矿井水反渗透法深度处理工艺流程

第五节　煤炭工业废水处理工程实例

一、工程概况

　　某矿洗煤厂位于我国煤炭工业区，1996 年建成并投入使用。经过三次扩改后，目前的洗选能力为 1.4×10^6 t/a。煤泥水产生量约为 4.0×10^5 m³/a。该煤矿属于年轻煤矿，洗煤废水呈弱碱性，悬浮物和COD浓度很高，且颗粒表面带有较强负电荷，并且是一种稳定的胶体体系，久置不沉，过滤性能差，废水水质如表6-1所示。

表 6-1　某矿洗煤厂废水水质

指标	SS/（mg/L）	COD_{Cr}/（mg/L）	pH 值	ζ 电位 /V	小于 75 μm 颗粒的质量分数 /%
数值	70000 ～ 100000	25000 ～ 43000	8.14 ～ 8.46	-0.0742 ～ 0.0718	62 ～ 65

二、处理工艺流程

针对该废水的特点，采用电石渣和PAM混凝沉淀法，取得了比较理想的处理效果，处理及生产回用工艺流程如图6-16所示。

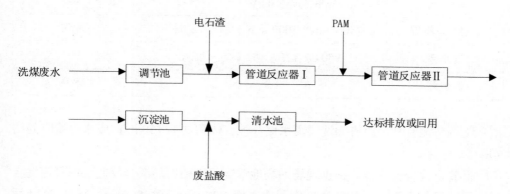

图 6-16　某矿洗煤厂洗煤废水处理及生产回用工艺流程

三、主要构筑物、设备及工艺参数

主要构筑物、设备及工艺参数如表6-2所示。

表 6-2　主要构筑物、设备及工艺参数

名称	规格	数量	备注
废水池	150 m³	1 座	利用原有
污泥泵	—	—	利用原有

名称	规格	数量	备注
管道反应器 I	$D200\ mm \times 2000\ mm$	1 台	—
管道反应器 II	$D250\ mm \times 2000\ mm$	1 台	—
沉淀池	$100\ m \times 30\ m \times 2\ m$	6 座	利用原有
清水池	—	1 座	利用原有
清水泵	IS80-50-315	—	—
搅拌机	$n=250\ r/min$，$N=3.0\ kW$	2 台	—
电石渣加药罐	$\phi 3200\ mm \times 4000\ mm$	2 个	防腐
耐酸泵	23FS-16，$N=1.5\ kW$	1 台	—
泥浆泵	2PN，$N=11.0\ kW$	2 台	—
搅拌机	$n=130\ r/min$，$N=3.0\ kW$	2 台	—
PAM 加药罐	$\phi 2400\ mm \times 3000\ mm$	2 个	防腐
清水泵	IS50-32-125	2 台	—
贮酸罐	$5\ m^3$	—	防腐

①调节池。利用原有的洗煤废水储存池，体积约为 150 m^3，废水停留时间约 2 h。

②管道混合反应器。根据现场的场地情况，投药后的混合反应采用管道混合反应器。投加电石渣后的管道反应器 I 采用 $D200\ mm \times 2000\ mm$。投加 PAM 后的管道反应器 II 采用 $D250\ mm \times 2000\ mm$。采用管道反应器不仅节省占地面积，而且节省投资。

③沉淀池。该矿洗煤厂原来有 6 座大型沉淀池，在进行工程改造设计时，根据企业的要求暂时保留了这 6 座沉淀池，没有新建沉淀池。由于原来 6 座沉淀池底部没有排泥设备，煤泥是靠自然干化，然后人工清挖，因此，该洗煤厂的煤泥处理暂时没有采用机械脱水设备，仍然保留自然干化、人工清挖的方法。

④清水池。利用原有储水池，处理后的废水直接排入洗煤用水的储水池，回用于洗煤。

四、运行效果

该洗煤厂洗煤废水处理系统自 1996 年正式投入生产以来，年处理洗煤废水 $3.9 \times 10^5 \, m^3$，处理效果一直比较稳定，出水的各项指标均达到了排放标准，而且处理水全部回用于洗煤，实现了洗煤废水的闭路循环。处理效果如表 6-3 所示。

表 6-3　洗煤废水处理效果

进水			出水		
SS/（mg/L）	COD/（mg/L）	pH 值	SS/（mg/L）	COD/（mg/L）	pH 值
80578	32009	8.18	57	35	7.62
108122	37549	8.28	79	52	7.97
65337	26587	8.32	49	28	8.04
77569	29564	8.41	60	34	8.10
89014	35967	8.25	64	49	7.88
76912	31332	8.31	55	41	8.19

五、讨论

①以电石渣为混凝剂，PAM 为助凝剂，采用混凝沉淀工艺处理年轻煤种的洗煤废水是可行的，处理后出水达到了回用标准和排放标准，回收的煤泥可以用作燃料，变废为资源。

②该处理工艺具有流程简单、成本低、处理效果好等特点，符合以废治废的原则，同时可获得较好的环境效益和社会效益，具有推广价值。

③沉淀池底部的煤泥采用自然干化，占地面积大，劳动强度高。对于新建的同类型废水处理工程，建议采用机械排泥和机械脱水，以减轻劳动强度，提高脱水效率。

第七章　纺织印染废水处理及资源化利用

随着人们对纺织品的需求不断提高，染料工业迅猛发展，印染产生的废水占我国工业废水的比重大大增加。印染废水中包含各种有害染料，色度深且具有致癌性，直接排放不仅会破坏水环境的生态平衡，还会严重威胁水生生物的生存和人体健康。故为了保证行业的可持续发展，有效处理染料废水、升级印染废水处理工艺等问题亟待解决。本章围绕纺织印染废水处理及资源化利用展开叙述，主要介绍了纺织印染废水水量与水质、纺织印染废水的来源、纺织印染废水处理工艺流程、纺织印染废水资源化利用及纺织印染废水处理工程实例这几方面内容。

第一节　纺织印染废水水量与水质

一、棉、化纤及其混纺印染废水水量和水质

（一）废水水量

棉、化纤及其混纺印染产品废水量因加工品种、工厂类型和设备、清洁生产和管理水平等而异。一般印染厂排水量为 $1.5 \sim 3.0$ m³/100 m；漂染厂排水量为 $2.0 \sim 2.5$ m³/100 m。

（二）废水水质

棉、化纤及其混纺印染废水由退浆、煮练、漂白、丝光、染色和印花以及整理等生产工序排放的废水组成。

退浆废水中含有浆料、浆料分解物、纤维屑和酶类等污染物。其废水量较少，但污染严重，COD_{Cr}、BOD_5 的浓度高达每升数千毫克。退浆废水的可生化性同织物的上浆浆料有关，以淀粉上浆的织物，可生化性好，BOD_5/COD_{Cr} 的值一般在 $0.5 \sim 0.6$，而以聚乙烯醇（PVA）上浆的织物，可生化性差，BOD_5/COD_{Cr} 的值一般在 $0.1 \sim 0.2$。

一般棉纤维采用烧碱和表面活性剂高温煮练，废水呈强碱性，色泽深，呈褐色，COD_{Cr}、BOD_5 的浓度也高达每升数千毫克。而化学纤维所含油剂等杂质少，易于用碱和合成洗涤剂去除，因此化学纤维废水污染程度相对较低。

漂白工序常采用次氯酸钠、双氧水或亚氯酸钠等氧化剂，一般废水有机污染物浓度低，漂白废水可重复使用，或单独排放。而丝光废水碱性强，pH 值在 12 ～ 13，还含有纤维屑等悬浮物。

染色和印花废水中含有残留的染料和助剂等，废水水质因加工产品的不同而不同。一般 pH 值在 10 以上，BOD_5 值低，COD_{Cr} 值高。BOD_5/COD_{Cr} 的值在 0.3 以下。整理废水含有纤维屑、多种树脂、甲醛、油剂和浆料等，但废水水量小，污染程度低。

棉、化纤及其混纺印染废水水质复杂，废水呈碱性，有机污染物浓度高，色泽深。特别是随着织物 PVA 上浆浆料的比重不断上升，废水中 BOD_5/COD_{Cr} 的值随之降低，一般在 0.25 ～ 0.3。棉、化纤及其混纺印染废水水质如表 7-1 所示。

表 7-1　棉、化纤及其混纺印染废水水质

名称	pH 值	COD_{Cr}/（mg/L）	BOD_5/（mg/L）	色度/倍
印染厂	10 ～ 20	1000 ～ 2000	300 ～ 500	300 ～ 500
漂染厂	9.5 ～ 10.5	800 ～ 1000	200 ～ 300	300 ～ 400

二、毛纺织染整废水水量和水质

（一）废水水量

毛纺织染整产品的废水水量因产品品种和生产规模而异。一般洗毛排水量：无闭路循环时 10 ～ 35 m^3/t 洗净毛，有闭路循环时 10 m^3/t 洗净毛；炭化 10 m^3/t 洗净毛；粗纺厂（混纺）3.5 m^3/100 m；精纺厂 2.3 m^3/100 m。

（二）废水水质

毛纺织染整废水主要来自染色工序，包括残留的染料、助剂和冲漂洗水。毛纺织染整产品加工所用染料因所用纤维和产品品种而异，但是，一般以酸性染料和媒介染料为主。毛纺织物染色后，大部分助剂进入染后的残液中随染整废水排出。毛纺织染整废水水质如表 7-2 所示。

表 7-2 毛纺织染整废水水质

名称	pH 值	COD$_{Cr}$/(mg/L)	BOD$_5$/(mg/L)	色度 / 倍	SS/(mg/L)
洗毛（无闭路循环）	8.5 ~ 9	15000 ~ 20000	6000 ~ 8000	—	800 ~ 1200
洗毛（有闭路循环）	8.5 ~ 9	20000 ~ 30000	8000 ~ 12000	—	8000 ~ 12000
炭化	H$_2$SO$_4$ 1.5 ~ 2	200 ~ 300	—	—	—
粗纺厂（混纺）	6 ~ 7	600 ~ 900	180 ~ 300	100—300	300 ~ 500
精纺厂	6 ~ 9	450 ~ 700	180 ~ 250	50—100	80 ~ 100
绒线（混纺）	6 ~ 7	500 ~ 800	80 ~ 150	80—150	100 ~ 150

三、丝绸印染废水水量和水质

（一）废水水量

丝绸印染产品的废水水量同纤维原料、加工织物的品种、工艺过程与设备、清洁生产和管理水平等因素有关。一般桑蚕丝为 280 ~ 300 m³/t 丝，人造丝为 100 ~ 120 m³/t 丝，真丝绸为 300 ~ 350 m³/100 m，合成绸为 350 ~ 400 m³/100 m，丝绒为 550 ~ 600 m³/100 m。

（二）废水水质

丝绸印染产品的废水主要由练漂、染色和印花工序排出的废水组成，整理工序只有少量废水产生。练漂废水的有机物含量高，色度低，偏碱性。染色和印花废水主要含有残留的染料和助剂，废水有机污染物含量低，但色泽较深又多变。丝绸印染产品废水水质如表 7-3 所示。

表 7-3 丝绸印染产品废水水质

废水名称	pH 值	COD$_{Cr}$/(mg/L)	BOD$_5$/(mg/L)	色度 / 倍	SS/(mg/L)	水温 /℃	氨氮 /(mg/L)
煮茧废水	9	1500 ~ 2000	700 ~ 1000	—	150 ~ 310	80	—

废水名称	pH 值	COD$_{Cr}$/（mg/L）	BOD$_5$/（mg/L）	色度/倍	SS/（mg/L）	水温/℃	氨氮/（mg/L）
缫丝废水	7～8.5	150～200	70～80	—	80～110	40	—
练绸废水	7～8.5	500～800	200～300	—	100～180	—	6～27
丝绸印染废水	6～7.5	250～450	80～150	—	100～200		3～12
绢纺精练脱胶浓废水	9～10.5	9000～10000	2000～5000	—	800～2800	90～98	30～70
绢纺精练脱胶冲洗水	7～8	250～550	150～300	—	200～400	—	15～17
丝绸练染废水	7.5～8	500～800	200～300	100～200	—		6～27
丝绸印花废水	5.5～7.5	400～650	150～250	50～250	—		8～24
丝绸印染联合废水	6～7.5	250～450	80～150	250～500	—		3～12
染丝废水	7.7～8.5	550～650	90～140	300～400	—		

四、麻纺织印染废水水量和水质

（一）废水水量

麻纺织印染产品的废水包括两部分，一是麻脱胶废水，二是麻纺织物印染废水。麻脱胶废水视麻纤维不同，又有苎麻化学脱胶废水和亚麻浸渍（细麻）脱胶废水之分。苎麻化学脱胶废水主要由浸酸、煮练、拷麻、漂酸洗等工序排出的废水组成。亚麻浸渍（细麻）脱胶废水由浸渍、洗涤和压榨等工序排出的废水组成。

芒麻化学脱胶废水的排水量：煮练为 11 ～ 12 m³/t 麻，一煮洗麻为 11 ～ 12 m³/t 麻，二煮洗麻为 11 ～ 12 m³/t 麻，浸酸为 10 m³/t 麻，拷麻为 250 m³/t 麻，漂酸洗为 10 m³/t 麻。亚麻浸渍（细麻）脱胶废水的排水量为 20 ～ 60 m³/t 麻。麻或麻混纺织物印染加工工序同棉或棉混纺织物印染加工工序基本相同，麻纺织品印染废水的排水量可参考棉及其混纺织物印染废水排水量。

（二）废水水质

芒麻脱胶废水碱性高，有机污染物含量高，色泽深，呈褐色。亚麻浸渍（细麻）脱胶废水偏酸性，有机污染物浓度高。麻脱胶废水水质如表 7-4 所示。

表 7-4　麻脱胶废水水质

废水名称		pH 值	COD_Cr/（mg/L）	BOD_5/（mg/L）
芒麻化学脱胶废水	煮练废水	13 ～ 14	14000 ～ 20000	5000 ～ 8000
	一煮洗麻废水	12 ～ 13	1600 ～ 2000	700 ～ 800
	二煮洗麻废水	11 ～ 13	750 ～ 900	280 ～ 300
	浸酸废水	2 ～ 3	1300 ～ 1500	500 ～ 800
	拷麻废水	7 ～ 8	260 ～ 320	100 ～ 140
	漂酸洗废水	5 ～ 6	900 ～ 1000	300 ～ 400
亚麻浸渍（细麻）脱胶废水	浸渍废水	4.6 ～ 5.4	—	1300 ～ 2400
	洗涤废水	6.2 ～ 6.4	—	330 ～ 860
	压榨废水	6.3 ～ 6.8	—	590 ～ 1100
	浸解废水	5.8 ～ 6.8	—	380 ～ 1300

五、针织印染废水量和水质

（一）废水水量

同棉、化纤及其混纺织物印染产品一样，针织印染产品的废水水量与纤维原料、加工织物的品种、采用的设备、浴比等因素有关。一般针织厂的废水排水量为 1.5 ～ 2.0 m³/100 m。按织物的单位重量计的废水排水量为 0.25 ～ 0.30 m³/kg。

（二）废水水质

针织印染废水由碱缩、煮练、漂白、染色、印花、整理等生产工序排放的废水组成。除深浓色的汗布以外，其余的棉及棉化纤混纺汗布，均需要通过烧碱液碱缩处理。碱缩液的浓度根据织物不同要求各异，一般为 120 ～ 280 g/L。纯棉用碱量高，棉混纺用碱量低。碱缩液循环使用和回用，后道冷水冲洗水排水进入印染废水系统。碱缩废水的碱性强，pH 值为 13 ～ 14，含有较高浓度的有机污染物，但是色度低，一般为 20 ～ 40 倍。煮练废水呈强碱性，色泽深，呈深褐色，有机污染物含量高。由于织物原料不同，所用染料助剂不同，针织染色或印花废水的水质多变。总的来说，针织印染废水的有机污染物浓度低于机织印染废水的有机污染物浓度。针织印染废水水质如表 7-5 所示。

表 7-5 针织印染废水水质

名称	pH 值	COD_{Cr}/（mg/L）	BOD_5/（mg/L）	色度/倍
针织物	8 ～ 9	400 ～ 800	150 ～ 200	200 ～ 400

第二节 纺织印染废水的来源

一、棉、化纤及其混纺印染废水的来源

退浆废水污染严重，是印染废水有机污染物的主要来源之一。退浆工序是采用化学药剂去除织物上所带的浆料，如采用高效淀粉酶代替烧碱（NaOH）去除织物上的淀粉浆料等，可提高退浆效率，减少退浆废水对环境的污染。煮练工序是采用热碱液和表面活性剂去除纤维所含的油脂、蜡质、果胶等杂质。煮练废水呈碱性和褐色，含有较高的有机污染物。

漂白是用次氯酸钠、亚氯酸钠或双氧水等氧化剂去除纤维中的色度。漂白废水量大但污染较轻。采用棉布冷轧堆一步法工艺，将传统的印染前处理的退浆、煮练、漂白三个工序合并成浸轧堆置水洗一道工序，可以减少废水排放量。

丝光是为了提高纤维光泽和对染料的吸附。从丝光工序排出的浓碱液，用多效蒸发等方法回收，可以节省助剂，降低印染废水碱度，但仍有相当部分废碱液作为废水排放。丝光废水呈强碱性，pH 值为 12 ～ 13。

染色废水含有染色工序中残留的染料、助剂、表面活性剂等，废水呈碱性，色泽深，污染物浓度高。印花工序排出的废水中含有染料、助剂等污染物，有机污染物浓度较高。采用印染自动调浆技术，将计算机技术、自动控制技术、色彩技术、精密称量技术同染整工艺相结合，可明显提高产品质量和生产效率，节水、节能，降低染化料消耗，改善生产环境，减少印染废水排放量和污染物排放浓度。采用高效活性染料代替普通活性染料，可以提高染料上染率，减少染料用量和废水中染料残留量。整理废水含纤维屑、树脂、甲醛、油剂和浆料等，水量小，污染物浓度相对较低。

二、毛纺织染整废水的来源

羊毛产品的染色采用酸性染料和媒介染料。毛、化纤混纺产品的染色除采用酸性染料和媒介染料外，视化纤品种不同，还采用分散染料、直接染料、阳离子染料等。在染色过程中采用的助剂有乙酸、硫酸、红矾（重铬酸钾）、元明粉、柔软剂、匀染剂、平平加等。毛纺织染整废水的主要污染物质是残留的助剂和染料。由于毛纺织染整产品加工大都在酸性或偏酸性条件下进行，因此，一般废水的 pH 值为 6.0 ~ 7.0。此外，毛纺织染整废水含有一定的悬浮物，特别是在对毛粗纺产品、绒线产品和散毛染色时，废水中含有较高的悬浮物。

三、丝绸印染废水的来源

丝绸印染产品练漂过程中所用的助剂有乙酸、纯碱、烧碱、泡花碱、磷酸三钠、保险粉、双氧水、次氯酸钠、合成洗涤剂、净洗剂、柔软剂、淀粉酶等。练漂工序是丝绸印染废水有机污染物的重要来源。

染色和印花所用的染料因丝绸印染产品的不同而异。真丝绸以及真丝同人造丝交织绸染色用得最多的是酸性染料。真丝同锦纶织物染色主要用弱酸性染料，也有的用中性染料。人造丝织物染色大多采用直接染料，其次采用活性染料和纳夫妥染料。涤纶长纤维染色采用分散染料。锦纶染色用弱酸性染料、中性染料和分散染料。在印花工序中常用的浆料有淀粉浆、海藻酸钠浆、羧甲基纤维素等，常用的助剂有尿素、冰乙酸、增白剂、渗透剂等。同棉印染废水相比较，丝绸印染废水的有机污染物浓度较低。pH 值较低，为 6.0 ~ 8.0。除染丝废水外，废水中 BOD_5/COD_{Cr} 的值在 0.3 以上，有利于生物处理，废水的色泽较浅。

涤纶仿真丝绸产品碱减量工艺产生的高浓度难生物降解碱减量废水，其主要污染物为涤纶水解产物对苯二甲酸等，是处理难度大的印染废水。采用碱减量废碱液回收回用后可以使碱液大部分保留在净化液中，经过补碱重新回用于生产。但是即使通过碱回收后，碱减量废水的 pH 值仍为 $10 \sim 13$，COD_{Cr} 浓度在 10 g/L 以上。碱减量废水应先进行预处理，再同其他印染废水混合进一步处理。

四、麻纺织印染废水的来源

苎麻浸酸的化学品是硫酸。在浸酸水解时，先将苎麻中的多糖类分子水解为单糖，而后在酸的作用下分解为有机酸，如乙酸、丁酸等。

蒸煮的主要化学品是烧碱。在烧碱的作用下，高聚碳水化合物的果胶质分解成为可溶解性的果胶钠盐。脂蜡物同烧碱产生皂化作用，变成可溶性肥皂而被除去。木质素在蒸煮过程中变疏松，溶解度增加。

漂酸洗的化学品是次氯酸钠和硫酸，次氯酸钠漂白主要是破坏织物上的色素，提高白度，同时还可与纤维上的其他杂质发生氧化、氯化之类的反应。

苎麻脱胶的煮练废水 pH 值高，一般为 $13 \sim 14$，有机污染物浓度高，属于高浓度有机废水。浸酸废水、煮练洗麻废水等为中段水，水量大，约占苎麻脱酸废水的 50%，属中等污染废水。漂酸洗废水偏酸性，pH 值为 $5 \sim 6$，有机物浓度低，属低浓度废水。

亚麻脱胶的浸渍废水为偏酸性废水，pH 值为 $4.6 \sim 5.4$，有机物浓度高，属高浓度有机废水。洗涤废水和压榨废水为中段水，废水呈偏酸性，pH 值为 $6.0 \sim 6.5$，属中等污染废水。处理后浸解废水 pH 值为 $7.0 \sim 7.2$，有机物浓度低，属低浓度废水。

麻纺织物印染所用染料因织物纤维不同而异。聚酯同麻混纺织物染色时可采用分散染料同活性染料组合，亦可采用分散染料同直接染料组合，或分散染料同还原染料组合。麻纺织印染废水中含有残留的染料、浆料和助剂等有机污染物，以及纤维屑等悬浮物。

五、针织印染废水的来源

针织印染产品的加工由碱缩、煮练、漂白、染色、整理等工序组成。棉及棉化纤混纺汗布，除深浓色以外，其余均需通过烧碱液碱缩处理，以提高强度、弹性、光泽，增加织物紧密度和同染料的亲和力。煮练、漂白、染色等工序所用的染料、助剂基本上同棉、化纤及其混纺印染产品加工所用的染料、助剂，废水污染源亦基本相同。但是，采用气流染色技术可以减少棉织物的浴比，降低水耗，减少废水排放量。由于低浴比能节省染料、助剂及辅料，可降低染色废水的污染物浓度。在棉针织、巾被等织物中采用涂料染色或涂料印花新工艺，将涂料着色剂、高强黏合剂制成轧染液或印浆，通过浸轧或印花、烘干、烘固，即可完成染色或印花，比传统染料染色或印花减少了工序，节水节能，可减少废水排放量和污染物排放量。

第三节　纺织印染废水处理工艺流程

一、棉及棉混纺印染废水处理技术

（一）概述

棉纺织印染废水因其 COD 值和 BOD 值均高，可生化性较好，因此，以在预处理后进入好氧生物处理系统为宜。棉混纺印染废水因其 BOD 值不高，可生化性不好，可在好氧生物处理前加水解酸化措施，其目的是将难降解的大分子有机物通过酸化变成易降解的有机物。为了使处理后出水水质达到标准，在生化处理后，可再进一步进行混凝沉淀。如要求更高的出水水质，可增加砂滤和活性炭处理等措施。

（二）纯棉纺织印染废水处理流程

纯棉纺织印染废水处理流程如图 7-1 所示。

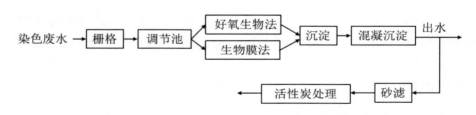

图 7-1　纯棉纺织印染废水处理流程

说明：①好氧生物法包括传统活性污泥法、SBR 法等；②生物膜法包括接触氧化法、生物滤池法、生物转盘法等；③如出水水质要求较高（如达到回用水质），可在混凝沉淀后进行砂滤和活性炭处理。

（三）棉混纺印染废水处理流程

棉混纺印染废水处理流程如图 7-2 所示。

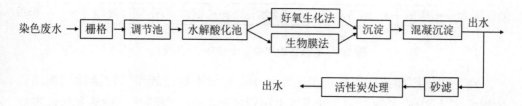

图 7-2　棉混纺印染废水处理流程

说明：水解酸化池停留时间在 8 h 以上；其他同上。

二、毛纺织印染废水处理

（一）洗毛废水处理

由于洗毛废水中含有大量的油脂及羊血、羊汗、羊粪尿、泥砂等，COD 值较高（一般在 10000 mg/L 左右）。因此，洗毛废水的处理，应首先进行羊毛脂回收，既可为后续处理减轻负担，又可有经济效益；然后进行厌氧生物处理和好氧生物处理，最后再并入全厂污水处理系统，与全厂废水处理后一起排放，洗毛废水处理工艺流程如图 7-3 所示。

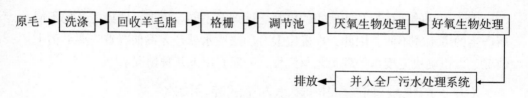

图 7-3　洗毛废水处理工艺流程

在洗毛废水处理工艺流程中，厌氧生物处理可采用升流式厌氧污泥床（UASB）、厌氧折流反应器（ABR）等形式；好氧生物处理可采用活性污泥法、膜法及 SBR 法等。

（二）毛粗纺织印染废水处理

毛粗纺织印染废水的 COD 浓度等较高，因此在好氧生物处理后，一般应加深度处理，如混凝沉淀法等，其处理工艺流程如图 7-4 所示。

图 7-4　毛粗纺织印染废水处理工艺流程

在毛粗纺织印染废水处理工艺流程中，好氧生物处理可采用活性污泥法、生物膜法及 SBR 法等；深度处理可采用混凝沉淀法、气浮法、砂滤和活性炭处理等。

（三）毛精纺织印染废水处理

毛精纺织印染废水的浓度相对较低，因此，在好氧生物处理后，经沉淀或加砂滤、活性炭处理即可，其处理工艺流程如图 7-5 所示。

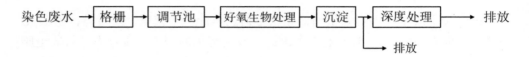

图 7-5　毛精纺织印染废水处理流程

三、印染厂混合废水处理

由于织物的原材料及所使用的染料、助剂等不同，再加上印染工艺的不同，所产生的废水亦不同。因此，在确定混合印染废水处理方案前，首先要弄清上述情况，以正确决定废水处理工艺及流程，一般有以下几种情况。

（一）以棉及其混纺印染废水为主的混合废水

以棉及其混纺印染废水为主的混合废水因 COD、BOD、色度等指标均较高，且生化性较好，一般应采取厌氧 + 好氧生物处理工艺，若出水要求水质较高，还应考虑厌氧和好氧生物处理出水后再进行深度处理。以棉及其混纺印染废水为主的混合废水处理工艺流程，如图 7-6 所示。

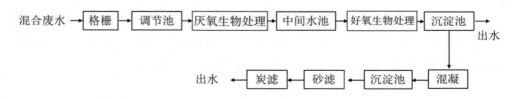

图 7-6　以棉及其混纺印染废水为主的混合废水处理工艺流程

在上述流程中：

①厌氧生物处理可采用 UASB 或 ABR 工艺，好氧生物处理可采用活性污泥法、生物膜（水量较少时）法或 SBR 法等方法。

②出水水质要求较高时，在生物处理后可再增加深化处理手段，如混凝沉淀、砂滤和炭滤等。

（二）以化纤及其混纺印染废水为主的混合废水

以化纤及其混纺印染废水为主的混合废水因可生化性较差，可采用水解酸化厌氧生物处理工艺，其流程如图 7-7 所示。

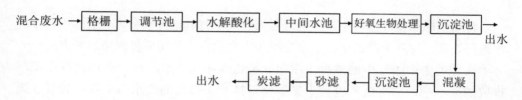

图 7-7　以化纤及其混纺印染废水为主的混合废水处理工艺流程

说明：①混合废水中含有退浆废水、煮练废水、洗毛废水及脱胶废水等高 COD 废水，有条件的话，尽量单独处理后再并入废水处理系统。

②根据废水 pH 值情况，决定是否在流程中设 pH 值调节池。

第四节　纺织印染废水资源化利用

一、纺织印染废水再生利用基本方法

（一）在工艺生产过程中实现节水和回用

印染产品加工工艺包括前处理、染色和印花、后整理等工序。前处理工序废水量约占印染废水总量的 45%，而染色和印花工序废水量约占总量的 55%。在印染生产过程的各个工序如采用新工艺新技术都有可能实现节水，提高水的利用率。推广应用高效短流程前处理技术可节水 30% 以上。退浆工序中推广高效节水助剂，采用生物酶技术，以高效淀粉酶代替 NaOH 去除织物上的淀粉浆料等，可以提高退浆效率，减少退浆用水量 20% 以上。采用棉布冷轧堆一步法工艺，将传统的前处理退浆、煮练、漂白三个工序合并，可以节省用水量 15% 左右。

采用气流染色工艺技术，可以减少棉织物浴比，降低水耗。采用涂料印花或涂料染色新工艺，通过浸轧或印花、烘干、烘固工序完成染色或印花，可比传统的染色或印花节水、节能。采用高温高压染色工艺，可以提高染色效率，减少废水排放量。采用印染自动调浆技术（计算机技术、自动控制技术与色彩技术等的结合），可以提高产品质量，节水、节能。采用低水位逆流漂洗可以提高洗涤水的重复利用率，节省漂洗用水。所以，在纺织印染生产过程中实现节水和生产用水的有效利用是纺织印染废水再生利用首先要考虑的基本方法，亦是采用其他方法的前提。

（二）清浊分流生产回用

将纺织印染生产过程中产生的轻度污染废水与其他废水分流，对轻度污染废水进行处理，达到生产回用，这是纺织印染废水再生利用应优先考虑的方法。

在印染生产过程中的煮练、漂白、染色和印花、水洗和后整理的各个工序排放的废水中，以水洗（包括少量后整理排水）排出的废水污染程度较轻，属于次污染废水，一般 pH 值为 6.8 ～ 7.5，COD_{Cr} 浓度为 80 ～ 180 mg/L，色度为 50 ～ 120 倍，SS 浓度为 100 ～ 200 mg/L，该部分废水可与其他工序排出的废水分流，经单独收集和处理后用作印染工艺生产用水，或者设置专门供水系统供水洗工序用水。

纺织印染废水清浊分流生产回用一般流程如图 7-8 所示。

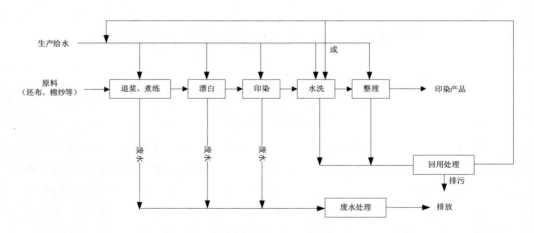

图 7-8　纺织印染废水清浊分流生产回用一般流程

（三）废水深度处理生产回用

为了进一步降低纺织印染生产用水量，减少单位产品排水量，以及适应纺织染整工业水污染物排放标准提标排放的要求，对纺织印染废水进行深度处理，使经处理后的出水水质达到印染产品加工生产用水水质要求，实现广义上的废水深度处理生产回用，是纺织印染废水更高层次的再生利用。纺织印染废水深度处理生产回用一般流程如图 7-9 所示。

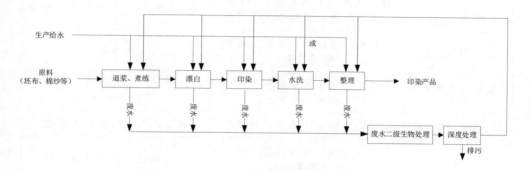

图 7-9　纺织印染废水深度处理生产回用一般流程

纺织印染废水经二级生物处理之后，再经化学混凝、过滤等一般物化法深度处理实现生产回用，固然是一般生产回用技术，但采取这些技术措施既不能完全去除纺织印染废水中残留的有机污染物，也不能去除纺织印染废水中含有的大量无机盐类。一般纺织印染废水中除含有大量有机污染物外，还会有残留的助剂、酸、碱等无机化合物，因此纺织印染废水中的溶解性总固体（TDS）、电导率等偏高。一般纺织印染废水的电导率为 $1200 \sim 1600\ \mu S/cm$，TDS 浓度为 $1000 \sim 1300\ mg/L$。此外，一般回用水中的色度、氮、磷营养物质和病原菌等指标也不能满足印染加工生产的长期安全用水要求，对产品质量、生产设备和管道等都会产生累积的负面效应，必须采取相应的预防对策，如表 7-6 所示。为了使回用水水质完全达到生产用水水质要求，"十一五"以来，国内愈来愈关注利用膜处理技术对纺织印染废水进行深度处理，使出水水质完全达到生产用水水质要求。纺织印染废水生产回用膜处理技术的试验研究和工程示范已有较大进展，逐渐被纺织印染企业认同。因此，纺织印染废水深度处理生产回用是具有前景的再生利用方法。

表 7-6 纺织印染废水再生利用负面效应及预防对策

项目	负面效应	预防措施
剩余有机物、微生物	设备和管道表面生长细菌，产生微生物污垢，形成泡沫	活性炭吸附、化学氧化和消毒处理
色度	影响产品质量，印染产品出现色差，降低产品合格率	混凝沉淀、活性炭吸附过滤、化学氧化
pH 值	超出生产工艺正常用水 pH 值范围后致使化工助剂用量增加	加强管理，控制 pH 值在 7～8
TDS	设备和管道结垢、腐蚀，缩短使用寿命	反渗透
总悬浮固体物（TSS）	在设备和管道表面沉积，促使微生物生长	纤维过滤、盘片过滤、连续过滤、超滤
钙、镁、铁、硅	结垢，影响印染产品质量	软化、离子交换、反渗透
氨	形成氨化物管道和设备腐蚀，促进藻类生长	硝化、离子交换
磷	藻类生长，设备和管道结垢与堵塞	生物或化学除磷、离子交换

二、纺织印染废水深度处理生产回用技术新进展

（一）臭氧氧化处理技术

臭氧具有杀菌、脱色、除臭等复合效能，对水生生物几乎没有负面影响。臭氧在纺织印染废水处理中的功能是，作为强氧化剂破坏大多数染料的双键，有选择性地对有机物分子中具有不饱和键的部分进行氧化，能够有效地去除 COD_{Cr}。臭氧氧化处理工艺利用极强的氧化性，促进生物性难分解的物质转变成易分解的物质，促进有机物分子从高分子转变为低分子，提高废水的可生化性，同随后的生物处理工艺相结合，还能进一步有效地减少 COD_{Cr}。臭氧氧化处理工艺能够利用氧化性，破坏纺织印染废水中的染料发色基团进行脱色，特别是对亲水性染料（如活性染料等）脱色效果好。当采用臭氧进行印染废水脱色处理时，根据废水中不同的染料成分，所需臭氧投加量一般为 20～60 mg/L。一般臭氧氧化处理的进水需要先经澄清和过滤，以去除悬浮物。同时，臭氧接触塔应能使臭氧与处

理废水充分接触，以减少臭氧的用量，提高处理效率。与其他化学氧化方法相比较，臭氧氧化处理技术不会增加污泥处理量。

　　臭氧氧化处理装置由臭氧发生设备、臭氧反应设备、去除剩余臭氧设备等组成。臭氧发生设备是臭氧氧化处理装置的核心设备，由空气源装置（包括加压装置、空气冷却装置、除湿装置）、臭氧发生器、冷却水设备、电源装置组成，如图 7-10 所示。当采用空气源时，臭氧发生浓度一般为 20 ～ 25 g/m^3。当采用氧气源时，臭氧发生浓度一般为 40 ～ 210 g/m^3。臭氧的制造方法有放电法和电解法。放电法就是利用放电，让空气或者氧气产生电解，生成臭氧，这种方法能够高效地获取大量的臭氧。电解法就是在阳离子交换膜的两侧设置多孔性电极，进行水的电解生成臭氧，这种方法虽能获得高浓度的臭氧，但效率低于放电法。

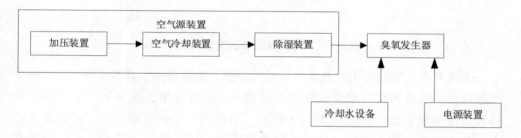

图 7-10　臭氧发生设备

　　臭氧反应设备主要是指反应塔中的臭氧释放（通风）设备，一般采用扩散器或喷射器方式。扩散器方式如图 7-11（a）所示，喷射器方式如图 7-11（b）所示。扩散器方式吸收效率高，不需要搅拌动力，易维护管理，适合臭氧注入率低的情况。喷射器方式需要加压泵，设备小型化，运转费用较高，适合臭氧注入率高的情况。在工程应用中，一般臭氧反应设备采用扩散器释放方式（通风筒的通风方式），只有小规模臭氧反应设备采用喷射器方式。

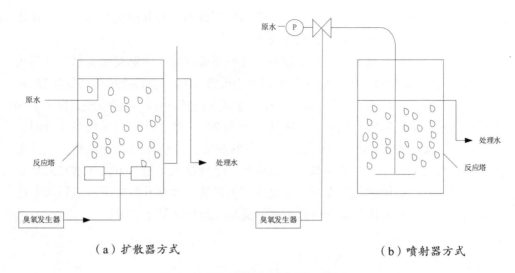

（a）扩散器方式　　　　　　　　　（b）喷射器方式

图 7-11　臭氧反应设备的臭氧释放方式

　　去除剩余臭氧的方法有触媒法、活性炭法、热分解法、药剂清洗法。一般采用触媒法和活性炭法。触媒法维护管理简单，能有效地去除臭氧，主要用于分解高浓度臭氧，需要防雾装置和加热器。活性炭法维护管理简单，在初期能完全去除臭氧，需定期更换活性炭。臭氧是强氧化剂，所以去除剩余臭氧设备和管道均应考虑防腐蚀，如采用 SUS304 或 SUS316 不锈钢、硬聚氯乙烯、FRP 等材质。

　　近年来，国内在印染废水深度处理生产回用中，已经采用臭氧氧化处理技术深度处理废水中的 COD 和色度，使回用水水质满足生产用水水质要求。但是，关于臭氧氧化系统的设置，臭氧投加量的合理确定，臭氧反应器的类型和扩散方式，剩余臭氧分解还原处理，以及去除剩余臭氧设备与管道防腐蚀等均有待于进一步优化和细化。此外，鉴于高浓度的臭氧具有毒性，会对人体的生理作用产生影响，如对鼻子、喉咙的刺激，臭氧的中间产物有毒或者会致癌，臭氧的半衰期很短（在空气中 16 h，在水中 15 ～ 30 min）等因素，亦会影响它的使用效能和应用范围。

（二）磁分离技术

　　磁分离技术可以通过外加磁场和污染物质的凝聚性来处理印染废水，使含铁磁性及顺磁性的污染物质在外加磁场作用下逐渐凝结和增大，最终被除去。20 世纪 90 年代初，美国麻省理工学院将高梯度磁分离概念应用在废水处理中。

2000 年以后，磁分离技术有美国的 CoMag™ 磁分离技术、BioMag™ 磁生化技术和国内的 ReCoMag™ 超磁分离技术等。CoMag™ 磁分离技术、BioMag™ 磁生化技术和 ReCoMag™ 磁分离技术工艺流程分别如图 7-12 至图 7-14 所示。

从图 7-12 可以看出，同传统的混凝沉淀工艺相比较，CoMag™ 磁分离工艺是在混凝反应池中投加磁粉，并使磁粉同混凝反应产生的絮体结合，从而形成微磁絮团。由于磁粉的相对密度约为 5.2，大大地增加了微磁絮团的密度，在磁分离设备（澄清池）中实现了微磁絮团与水的快速分离。磁分离设备产生的污泥回流到磁回收装置。经磁回收后，磁性物质回用到混凝反应池，非磁性物质进入污泥处理。根据有关文献资料，CoMag™ 磁分离技术的沉降速度快，一般为 20 ~ 40 m/h；沉降效率高，可减少沉淀池面积和容积；处理效果好，出水 SS 浓度一般为 5 ~ 10 mg/L，浊度小于 1NTU；除磷效果好。磁分离技术的磁粉损耗低，CoMag™ 磁分离技术的磁回收率在 99% 以上，用于补充磁粉的费用约为 0.01 元/（m^3 水）（2009 年物价水平）。

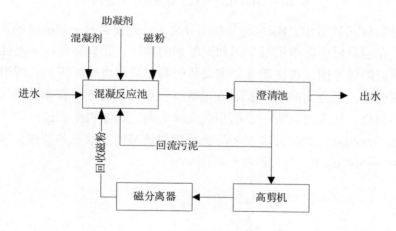

图 7-12　CoMag™ **磁分离技术工艺流程**

从图 7-13 可以看出，BioMag™ 磁生化工艺是在曝气池中投加磁粉，与活性污泥絮体结合，形成活性污泥微磁絮团，但又不会在曝气池中产生沉淀，而在二次沉淀池中能加快沉降速度，提高泥水分离效果，改善出水水质。由于二次沉淀池底泥增加，回流污泥浓度可大幅度提高。与常规的活性污泥法生物处理工艺相比较，BioMag™ 磁生化工艺可使曝气池污泥浓度由 3 ~ 4 g/L 提高到 10 g/L 左右，从而降低了污泥负荷，提高了对有机污染物的去除率和处理效果。因此，一般

BioMag^{TM}磁生化工艺的出水水质（COD、BOD、SS 等）优于通常的活性污泥法生物处理工艺的出水水质，可达到深度处理的要求。

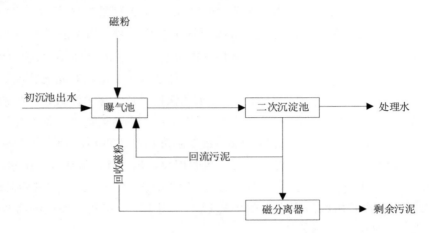

图 7-13　BioMag^{TM} 磁生化技术工艺流程

从图 7-14 可以看出，BioMag^{TM} 超磁分离工艺是使含有一定浓度的特选磁性物质，先在混凝反应器中借混凝剂和助凝剂的作用，完成磁种与非磁性絮体的结合，形成微磁絮团，再在超磁分离设备的高磁场强度作用下，实现微磁絮团与水体的分离。被分离的微磁絮团再经磁回收系统实现磁种和非磁性污泥的分离，磁种回用，污泥再处理。根据相关文献资料，磁盘机的流速一般为 300 ～1000 m/h。BioMag^{TM} 超磁分离工艺的磁种投加量与废水水质和处理要求有关，一般为 30 ～ 300 mg/L，磁种回收率可达 99%。

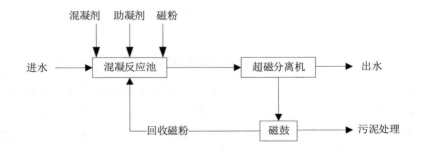

图 7-14　ReCoMag^{TM} 超磁分离技术工艺流程

　　磁分离技术在印染废水中的应用，具有操作简单、处理高效、无二次污染、设备及人员技术要求低、适合中小型印染企业使用等优点。当印染废水中存在大量水溶性杂质时，在使用磁种或絮凝剂的情况下，难以形成含磁性的絮体，从而影响污染物的去除率，所以必须先降低印染废水中水溶性污染物的溶解度，然后再进行磁分离。另外磁分离技术对分散染料的废水处理效果并不十分理想，需要在电击、氧化还原的同时添加絮凝剂。因此，磁分离技术在处理印染废水时常与其他技术联合使用，以取得较好的处理效果。由于印染废水的性质以及废水排放标准日趋严格，在废水处理厂用地有限的情况下，增设占地小、易于管理、处理效率高的磁分离系统，有利于保障系统运行和出水水质稳定。

第五节　纺织印染废水处理工程实例

　　本节以真丝染整废水处理作为案例进行深入论述工业废水处理与利用。

一、真丝脱胶废水处理

　　脱胶废水为较高浓度的有机废水，生物降解性好。浓脱胶废水水量较少，COD_{Cr} 浓度在 5000 ～ 10000 μg/g，BOD_5 浓度在 2500 ～ 5000 μg/g，pH 浓度在 9.0 ～ 9.5。脱胶冲洗水量较大，水质浓度较低，COD 浓度在 500 ～ 1000 mg/L，BOD_5 浓度在 300 ～ 600 mg/L。真丝脱胶废水处理工艺流程如图 7-15 所示。

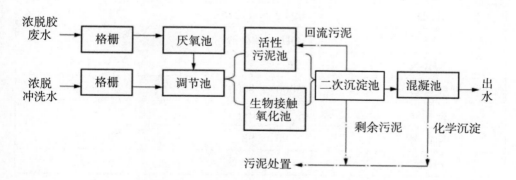

图 7-15　真丝脱胶废水处理工艺流程

　　在工艺流程中，设置两道格栅，利用 UASB 型厌氧池，采用常温发酵，停留 8 ～ 12 h，COD 的脱除率为 80% ～ 85%。调节池的停留时间为 6 ～ 8 h。

气水比为 18 ~ 20 ∶ 1，生物接触氧化池的停留时间为 4 ~ 6 h，通常使用二段法，COD 的脱除率约为 60%。在活性污泥池中停留 8 ~ 10 h，COD 的脱除率为 60% ~ 61%。二次沉淀池一般采用竖流式，其沉降时间为 1.5 ~ 2.0 h。

二、某丝纺厂精练废水处理实例

重庆某丝纺厂生产的产品包括绢丝、锦丝、绸丝、生丝和丝织品五大品种，年产丝共 901.7 t、丝织品 3.5×10^5 m。每年主要消耗的化工原料包括纯碱 106.6 t，肥皂 22.32 t，雷米邦 10.4 t，氟化物 1055.54 t。

绢丝的加工工艺包括精练、精梳、粗纺等工序，绢丝废水主要来自精练工序。

该厂绢纺精练生产工艺为原料分类→选别、初练→水洗→发酵→水洗→复练→水洗→脱水→烘干→包装→出厂，由此产生的废水称为精练废水。精练废水含有较多的蚕丝胶、蛹油和精练工艺中加入的纯碱、保险粉、肥皂、雷米邦等助剂。其中高浓度精练废水的排放量为 200 m²/d，低浓度精练废水的排放量为 2000 m³/d。高浓度精练废水由练蛹废水、槽洗废水和煮练废水组成；低浓度精练废水由水洗机、脱水机和地面冲洗废水组成。精练废水水质指标如表 7-7 所示。

表 7-7　精练废水水质指标（单位：mg/L）

项目	高浓度精练废水	低浓度精练废水
COD_{Cr}	9200 ~ 16500	360 ~ 650
BOD_5	4094.2 ~ 11215	327 ~ 580
SS	841 ~ 2850	213 ~ 420
NH_3-N	26.5 ~ 71.5	15 ~ 17.5
丝胶蛋白质	5000 ~ 8000	—
蚕蛹油	75 ~ 100	—
水温 /℃	90 ~ 98	20 ~ 25
pH 值	9 ~ 10.5	6.5 ~ 7.5

高浓度精练废水和低浓度精练废水分流进行分级处理，其处理工艺流程如图 7-16 所示。

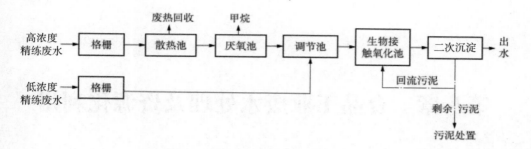

图 7-16　精练废水处理工艺流程

高浓度废水经格栅截流废水中部分悬浮固体后进入散热池。散热池中设置列管式散热器回收废热供精练车间使用,同时降低废水水温使其保持在 40 ～ 45 ℃,再进入升流式厌氧池进行厌氧硝化,硝化后出水进入调节池。

低浓度废水经格栅截留废水中部分悬浮固体后,进入调节池与厌氧池出水混合,经水质水量均衡后,进入生物接触氧化池进行好氧生物处理,最后经二次沉淀池泥水分离后出水排放或回用。

废水在厌氧池中的水力停留时间为 66 ～ 72 h,COD_{Cr} 去除率为 70% ～ 84%,BOD_5 去除率为 65% ～ 80%。厌氧池出水与低浓度废水混合后的 COD_{Cr} 浓度为 500 ～ 600 mg/L,在生物接触氧化池中的停留时间为 8 h。

该工艺未考虑生物脱氮需要,事实上,由于废水中含有大量丝胶蛋白,好氧生物处理后出水中不可避免地含有较高的氮,因此当排放标准对总氮有要求时,可以考虑对混合后的废水采用具有生物脱氮功能的生物处理工艺流程。

第八章 食品工业废水处理及资源化利用

食品工业废水具有排放量大、可生化性好、微生物含量高等特点，多通过物化预处理耦合生物深度处理，使废水中有机物得到快速高效的去除，同时降低处理能耗，减少二次污染。本章为食品工业废水处理及资源化利用，主要介绍了食品工业废水的产生、食品工业废水水量与水质、食品工业废水处理工艺流程、食品工业废水资源化利用、食品工业废水处理工程实例这几方面内容。

第一节 食品工业废水的产生

一、肉类加工行业

肉类加工废水泛指屠宰场、肉类加工厂和肉类联合加工厂排放的废水。屠宰废水的来源主要是生产工艺过程中各个工序排出的废水，包括宰前畜圈每天排出的畜粪冲洗水、屠宰工序排出的含血污和粪便的污水以及地面与设备冲洗水、烫毛时排出的含有大量猪毛的高温水、剖解工序排出的含肠胃内容物的废水。若屠宰场同时从事油脂提取，则炼油废水也是屠宰废水的组成之一。

肉类加工厂是以屠宰场的鲜肉为原料，再加工成不同肉制产品的场所。肉类加工废水主要来自原料处理设备、水煮设备排出的废水和各生产工序排出的地面冲洗水，主要含有油脂、碎肉、畜毛等污染物质。此外，各生产工序的冷却水排水等也是肉类加工废水的来源之一。

二、水产品加工行业

水产品加工行业的废水主要来自原料处理设备、水煮设备排出的废水，其他器具清洗排水，地面冲洗水和除臭设备排水等。其中，水产罐头加工冲洗鱼体常用盐水，废水中含有血污等污染物；冷冻加工废水中含有鱼鳞、鱼类内脏物、鱼骨等杂质和污染物；腌制加工废水中含有鱼体的黏液、血污等污染物；干制加工废水中含有鱼体冲洗杂质和内脏等残余污染物；鱼肉糜加工废水中含有鱼体冲洗杂质和漂白废水，含有纤维状蛋白质和水溶性蛋白质等。

三、水果蔬菜农产品加工行业

水果蔬菜农产品加工行业的废水主要来自原料处理设备、杀菌生产工序排出的废水，地面冲洗水和冷却水排水等。水果罐头废水含有有机污染物，pH 值异常（酸性或碱性）。蔬菜罐头废水含有砂土等无机杂质和有机污染物等。

四、啤酒生产行业

啤酒生产行业的废水主要来自糖化、主酵、后酵、灌冲装等生产工序的排水，其中包括灌装工序碎瓶后排出的啤酒废液、设备清洗水、地面冲洗水和冷却水排水等。啤酒废水富含有机物和一定浓度的悬浮固体，此外还含有 N、P 等营养物质。啤酒废水本身无毒，但如不加处理直接排放，将会导致水体富营养化。

第二节　食品工业废水水量与水质

一、肉类加工行业

肉类加工废水的主要特点是耗水量较大，废水污染物浓度高，杂质多，可生化性较好。污染物排放因子主要包括 BOD_5、COD、SS、TN、动植物油及色度，此外还包括恶臭气体如 NH_3、H_2S、粪臭素（3-甲基吲哚）等。

肉类加工废水水量因兽禽种类、品种、生长期、饲料、气候条件、生产方式和管理水平而异。此外，废水水量还同生产季节（淡、旺季），生产班次等有关。肉类加工废水还具有明显的集中排放的特征，特别是畜类屠宰废水，一般废水排放主要集中在凌晨 3：00 至上午 8：00 时段内。肉类加工废水的排放量一般在 6.5 m^3/t（活屠量）以下，有分割肉、化制等工序的企业，每加工 1 t 原料肉，排水量为 8.5 m^3 以下。屠宰与肉类加工废水成分复杂，含有大量血污、油脂、碎肉、畜毛、未消化的食物及粪便、尿液、消化液等污染物，还有少量生活污水。屠宰与肉类加工废水水质特点如下。

①废水中的固体杂质较多。屠宰与肉类加工废水中含有大量动物残体、畜毛等固体杂质。废水悬浮物含量高，一般 SS 浓度为 500 ～ 1000 mg/L。

②有机污染物浓度高。通常 COD 浓度为 1300～2000 mg/L，其浓度与所采用的屠宰和肉类加工方法有关。当屠宰场及肉类加工厂同时进行禽畜养殖时，其废水的 COD 浓度甚至可高达 3300～3800 mg/L。废水可生化性高，一般 BOD/COD 的值为 0.5～0.6。

③动物蛋白丰富，NH_3-N 含量很高。据有关调查表明，NH_3-N 浓度为 100～150 mg/L。

④油脂丰富。屠宰与肉类加工废水中的动植物油浓度可达每升数十到数百毫克，肉类加工废水中的动植物油脂浓度往往会更高。

⑤废水中还可能含有与人体健康有关的细菌（如粪便大肠杆菌、粪便链球菌、葡萄球菌、布鲁杆菌、细螺旋体菌、志贺菌和沙门菌等）。水产品加工行业可分为两大类，即渔获物处理和二次加工处理。渔获物处理是将新捕获的鱼类、贝类、藻类等新鲜品经清洗、挑选、剔选等生产工序处理后，加工制成干鲜品、冷冻品或水产罐头。二次加工是指将加工制成品根据需要进行精制，如制成鱼肉松、烤鱼片、调味品等。

二、水产品加工行业

水产加工行业的原料处理设备产生的废水量最大，约占全部加工废水量的 50%；中间产品加工产生的废水量次之，约占全部加工废水量的 30%；成型产品加工产生的废水量最少，约占全部加工废水量的 20%。

水产加工生产过程中，水直接与原料接触，有相当数量的有机物和无机物以可溶的、胶体的或悬浮的状态从废水中排出。废水中的主要污染物有漂浮在废水中的固体物质，如鱼鳞、鱼的内脏物，悬浮在废水中的油脂、蛋白质、胶体物等，溶解在废水中的酸、碱、糖、盐类、调料残余物，来自原料夹带的泥沙、鱼贝类尸块等。

水产加工废水的一般特征是有机物质和悬浮物含量高，易腐败，氮和磷含量高。以鱼类水产品加工废水为例，COD 浓度为 5000～50000 g/L，BOD_5/COD 的值较高，可生化性好；含有高浓度的盐类，其中 Cl^- 浓度为 8～19 g/L，Na^+ 浓度为 5～12 g/L，SO_4^{2-} 浓度为 0.6～2.7 g/L；pH 值为 6.6～8.5，SS 浓度为 300～1000 mg/L，NH_3-N 浓度为 20～80 mg/L，TN 浓度为 150～600 mg/L，废水中可能存在致病菌等。

　　水产加工废水的水质水量视原料新鲜程度、季节、运输距离、储藏时间和方式、渔期等因素而变化。一般这些因素可能导致废水水质变化幅度在 2～5 倍。加工原料和加工工艺对水产加工废水水质也有显著影响。表 8-1 列举了几种水产加工工艺废水水质。表 8-2-2 为不同水产加工厂废水水质。

表 8-1　几种水产加工工艺废水水质

工艺废水种类		BOD_5/（mg/L）	SS/（mg/L）	TN/（mg/L）
碱处理废水		> 30000	96	720
冲洗含碱鱼体废水		24000	325	920
罐头厂	煮螃蟹水	3170	367	800
	煮螃蟹冷却水	130	514	40
	总排水	690	274	140
冷冻鱼体冲洗水		34700	1989	100

表 8-2　不同水产加工厂废水水质

水质指标名称		鱼肉糜加工厂	鱼渣加工厂	鱼羹加工厂
BOD_5/（mg/L）	最大值	14300	21800	11850
	最小值	1850	15000	485
	平均值	8204	18400	6778
SS/（mg/L）	最大值	1343	2162	1018
	最小值	370	1204	82
	平均值	757	5032	578
油类/（mg/L）	最大值	2053	3267	420
	最小值	15	220	12
	平均值	541	1743	149
$NH_3 - N$/（mg/L）	最大值	39	148	11
	最小值	2	24	2
	平均值	15	36	5

续表

水质指标名称		鱼肉糜加工厂	鱼渣加工厂	鱼羹加工厂
TN/（mg/L）	最大值	660	1000	340
	最小值	130	824	69
	平均值	306	912	199

鱼贝类水产罐头生产废水的水量和水质因加工原料和加工方法而异。一般鱼贝类水产罐头生产废水含有血污，有鱼腥异味，呈黄褐色，还含有油脂等污染物质。废水中 BOD、COD、SS、有机氮的含量较高。

三、水果蔬菜农产品加工行业

水果蔬菜农产品加工行业排放废水的水量和水质因原料、产品以及生产工艺不同而异。

水果蔬菜罐头生产具有较强的季节性，不同季节废水排放量变化幅度较大。收获季节是生产旺季，废水排放量大。反之，淡季废水排放量小。水果蔬菜罐头生产平均废水排放量为 3 ~ 8 m³/t 原料，其中清洗设备废水排放量占 30% ~ 35%，铁罐冷却废水排放量占 35% ~ 40%。一般冷却水排水可回收再利用。

在水果蔬菜罐头生产废水中，有机物、SS、糖和淀粉含量较高，一般不含有毒有害物质。为了保鲜原料，有时会加入防腐剂，或投加色素和含铜盐类。蔬菜罐头生产废水（如蚕豆和豌豆）含有丰富的氮，但含磷量少。水果罐头生产废水则含磷量较高，而含氮不足。表 8-3 为水果蔬菜罐头生产废水水质。

表 8-3　水果蔬菜罐头生产废水水质

罐头种类	SS/（mg/L）	BOD_5/（mg/L）
杏	200 ~ 400	200 ~ 1020
笋	30	100
青豆	65 ~ 85	160 ~ 600
甜菜	740 ~ 2190	1500 ~ 5480
樱桃	200 ~ 600	700 ~ 2100

罐头种类	SS/（mg/L）	BOD$_5$/（mg/L）
菌类	50～240	80～390
豌豆	270～400	380～4700
酸菜	630	6300
菠菜	90～580	280～730
番茄（整）	190～200	570～4000
苹果	300～600	1680～5530
草莓	100～250	500～2250
桃	450～750	1200～2800

四、啤酒生产行业

啤酒生产行业的废水排放量与生产规模、技术装备、管理水平等因素有关。一般吨产品废水排放量为 10～20 m^3。生产规模大，装备技术先进，管理水平高的大型啤酒企业，吨产品废水排放量低；而生产规模小，装备技术一般，管理欠缺的小型啤酒企业，吨产品废水排放量高，有的甚至超过 20 m^3。

啤酒生产废水一般由高浓度有机废水、低浓度有机废水和清洁废水三部分组成。其中，高浓度有机废水来自洗槽废水、糖化锅和糊化锅冲洗水、储酒罐前期冲洗水、滤酒冲洗水以及酵母压缩机冲洗水等，这部分废水的水量约占总废水量的 10%，但是有机污染物浓度高，COD 浓度为每升数千毫克。低浓度有机废水来自酿造车间和灌装车间地面冲洗水、洗瓶机和灭菌机废水以及偶尔的罐装碎瓶排出的啤酒废液等，这部分废水的水量较大，约占总废水量的 70%，有机污染物浓度相对较低，一般 COD 浓度为 200～800 mg/L。清洁废水来自锅炉蒸汽冷凝水、制冷循环冷却水排水和生产给水处理设施的反冲洗排水，这部分废水的水量约占总废水量的 20%。经清浊分流后，这部分废水处理后可再生利用。

班尚啤酒生产废水属于较高浓度的有机废水。据测算，啤酒生产的吨产品 COD 排放量为 28～32 kg，BOD 排放量为 17～19 kg。一般啤酒生产混合废水水质：pH 值为 5～10，COD 浓度为 1000～3000 mg/L，BOD$_5$ 浓度为 600～1800 mg/L，BOD$_5$/COD 的值为 0.5～0.65，SS 浓度为 300～800 mg/L。

第三节　食品工业废水处理工艺流程

一、屠宰与肉类加工废水处理工艺流程

屠宰与肉类加工废水中含有大量血污、油脂、碎肉、畜毛、未消化的胃肠残余物，以及粪便、尿液、消化液等污染物，此外还包括地面与设备清洗废水。通常，屠宰与肉类加工废水中含有固体的无机和有机杂质（如畜禽内脏残体、畜禽毛等），悬浮物浓度较高，一般 SS 浓度为 500～1000 mg/L。该类废水为较高浓度有机废水，视不同的屠宰与肉类加工方法，一般 COD 浓度为 1500～3500 mg/L，可生化性好，BOD_5/COD 的值为 0.5～0.6。NH_3-N 浓度高，一般为 100～150 mg/L，且富含油脂。此外，废水中还含有与人体健康有关的细菌（如粪便大肠杆菌等）。

根据屠宰与肉类加工废水的特点，经预处理后宜采用厌氧生物处理或厌氧水解酸化、好氧生物处理（活性污泥法或生物接触氧化法）和深度处理（混凝沉淀法、混凝气浮法、化学氧化法）相结合的处理工艺流程。不同类型的屠宰废水处理工艺流程，分别如图 8-1、图 8-2 所示。其中，图 8-1 适用于一般有机物浓度的中小型屠宰废水处理，图 8-2 适用于较高有机物浓度的屠宰废水处理。

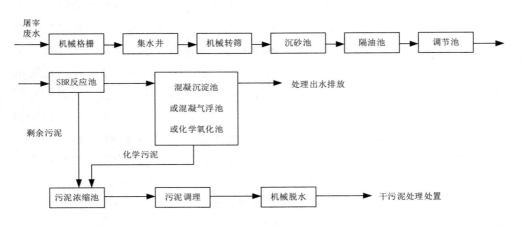

图 8-1　屠宰废水处理工艺流程（一）

182

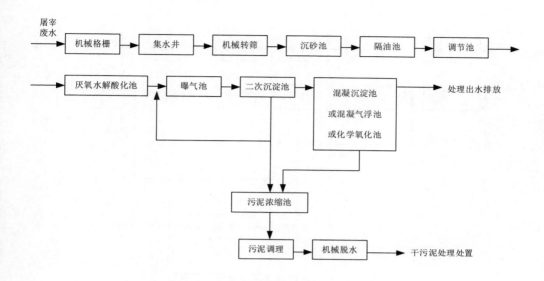

图 8-2　屠宰废水处理工艺流程（二）

二、水产加工废水处理工艺流程

水产加工废水为较高浓度或高浓度有机污染废水，且悬浮物含量高，其中有鱼体尸块、内脏残留物等，易腐败。一般水产加工废水富含氮和磷（如鱼糜、虾仁加工废水）。腌制水产加工废水还含有盐类，富含 Cl^-、SO_4^{2-}、Na^+ 等。

水产加工废水的水量和水质视渔期、季节、原料新鲜程度等因素而变化，一般变化幅度可达数倍。根据水产加工废水的水质特点和处理后出水排放或生产回用水水质要求，水产加工废水处理的主要目标是除碳、脱氮、除磷，降低悬浮物浓度。此外，处理水还需经消毒处理，以去除废水中可能存在的致病菌。一般水产加工废水采用物理预处理、物化前处理、生物处理和深度处理等处理工艺流程，如图 8-3 图 8-4 所示。其中，图 8-3 适用于一般水产加工废水处理，图 8-4 适用于富含氮和磷的水产加工废水处理（如鱼糜、虾仁等水产加工废水处理）。

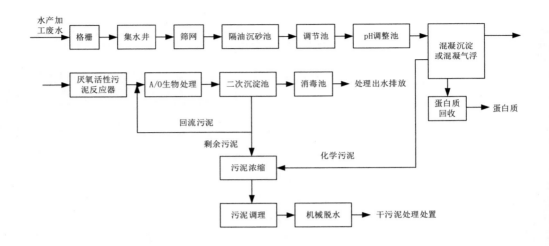

图 8-3　一般水产加工废水处理工艺流程

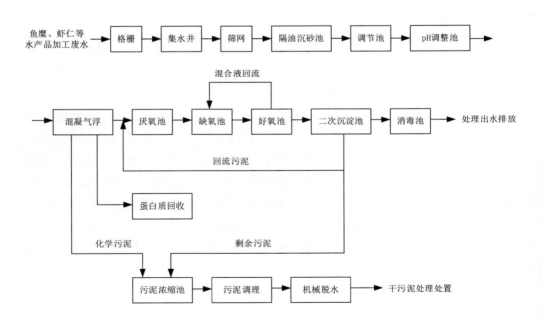

图 8-4　富含氮和磷的水产加工废水处理工艺流程

184

第四节 食品工业废水资源化利用

食品工业废水由产品加工排水、原料与设备洗涤水、地面冲洗水、热力冷凝水、冷却系统排水等组成。一般食品工业废水是不含有毒物质的中高浓度有机污染废水。实施食品工业废水再生利用是提高水的利用率、减少食品工业水资源消耗的重要途径。根据食品工业的用水用途和特点，食品工业废水再生利用的基本思路：实行清洁生产，在生产过程中节水和利用；清浊分流再生利用；废水处理再生利用；深度处理再生利用。

一、实行清洁生产，在生产过程中节水和利用

在食品工业生产中，根据产品生产工艺，开发干法、半湿法制备产品取水闭路循环工艺（如制备淀粉）；推广沉淀生产发酵产品的取水闭路循环流程工艺（如味精和柠檬酸）；推广高浓糖醪发酵提取工艺（如啤酒、酒精）；采用双效以上蒸发器的浓缩工艺；在啤酒酿造生产工艺中，采用低压煮沸技术，将常压煮沸锅改为低压煮沸锅，缩短煮沸时间，降低蒸发率；在产品洗涤、设备清洗和环境洗涤等用水中，推广逆流漂洗、喷淋洗涤、气水冲洗、高压水洗方式等。在食品工业生产过程中实施清洁生产技术和措施，通过改变生产工艺或用水方式，实现食品工业废水的回用和节水，是高层次的源头水回用和节水。

二、清浊分流再生利用

食品生产过程的冷却水排水、蒸汽凝结水、地面冲洗水、装备清洗的后期排水、产品洗涤的后几道排水等，与产品工艺生产排水相比较，污染程度较轻，为轻污染废水。将轻污染废水与高污染废水实行清浊分流，对轻污染废水进行处理，并设置专用回用水管网，将经处理后的出水供冷却水补充水、设备洗涤水、地面冲洗水等辅助生产用水，以及用作环境用水，这样可实现清浊分流再生利用。食品工业废水清浊分流再生利用一般流程如图8-5所示。

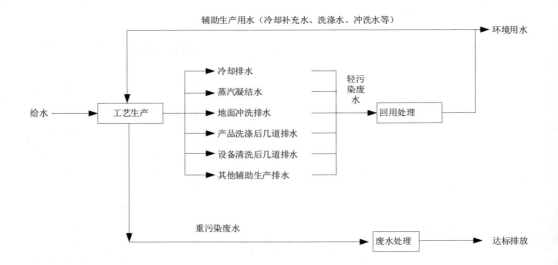

图 8-5　食品工业废水清浊分流再生利用一般流程

一般食品工业轻污染废水水质为 pH 值在 6.5 ～ 8.0，COD 浓度在 80 ～ 150 mg/L，SS 浓度在 100 ～ 200 mg/L，经回用处理后出水水质为 pH 值在 7 ～ 7.5，COD 浓度在 40 ～ 60 mg/L，SS 浓度在 20 ～ 30 mg/L，可以满足辅助生产用水（冷却水补充水、洗涤水、冲洗水等）和环境用水水质要求。

三、废水处理分质再生利用

将经过二级生物处理再经混凝沉淀或混凝气浮、过滤深度处理后的达标排放水，视不同情况再回用到对水质要求不高的辅助生产用水（如锅炉房冲渣水）、其他用水（如杂用水）、景观环境用水，以及废水处理内部用水（污泥脱水机滤网冲洗水、药品制备用水等）。食品工业废水处理分质再生利用一般流程如图 8-6 所示。

图 8-6　食品工业废水处理分质回用一般流程

根据不同的排放标准要求，食品工业废水经处理达标排放的出水水质一般为 pH 值在 $6 \sim 9$，COD 浓度小于等于 $50 \sim 100$ mg/L，BOD_5 浓度在 $20 \sim 60$ mg/L，NH_3-N 浓度在 $8 \sim 15$ mg/L，TP 浓度在 $0.5 \sim 1.0$ mg/L，SS 浓度在 $30 \sim 50$ mg/L，细菌学指标满足环境要求。根据各企业不同情况，废水处理达标排放水再生利用的途径有以下几方面：

①锅炉房冲渣水。冲渣用水对水质要求不高，食品工业废水经处理后出水水质能满足使用要求，国内一些企业已有成功的实践可以借鉴。

②杂用水。杂用水包括绿化、洗车、道路洒水、厕所冲洗、建筑施工用水等。根据不同的用途，杂用水的用水水质为，BOD_5 浓度在 $10 \sim 20$ mg/L，NH_3-N 浓度在 $10 \sim 20$ mg/L，总大肠菌群数小于等于 3 个 /L。一般食品工业废水处理达标排放水可满足杂用水水质要求。

③环境用水。环境用水主要是景观环境用水，包括观赏性环境用水和娱乐性环境用水。一般食品工业废水经二级深度处理后出水 BOD_5、SS 和微生物学指标基本上可满足观赏性河道类景观环境用水水质要求。但是，作为景观环境用水时，应尽可能地降低回用水中的氮、磷含量，并且要保持水体流动，以控制水体富营养化。

④废水处理站内部用水。废水处理站内部用水主要是指脱水机滤网冲洗水、药品制备用水、场地冲洗水、生物处理消泡水、浮渣冲洗水等。食品工业废水处理达标排放水 BOD_5、SS 和微生物学指标一般能满足这些用水水质要求。根据不同情况，一般废水处理站内部用水水量占废水处理量的 3% $\sim$ 5%。将处理达标排放水用于废水处理站内部用水可节省水资源。

四、废水深度处理再生利用

为了进一步降低食品工业生产用水量，降低吨产品水耗，节省水资源，以及为适应我国日趋严格的废水排放标准提标的要求，在经过试验研究和工程示范后，对食品工业废水进行深度处理再生利用，是更高层次的节水和再生利用。

一般食品工业废水经生物处理，再经混凝沉淀（或混凝气浮）、过滤等物化法深度处理后，还不能完全去除水中残留的有机污染物、营养物质氮和磷以及无机物（如各种盐类），出水 TDS、电导率、氮和磷指标均偏高。回用水中的剩余有机污染物和微生物易致使管道和设备表面生长细菌，产生微生物污染。回用水中的盐类会引起管道和设备结垢腐蚀，缩短使用年限。而氮和磷可促使藻类生长，使管道和设备结垢与腐蚀。因此，为了使食品工业废水经处理后能持久、安全地再生利用，根据不同的回用用途，需采取相应的深度处理技术，将回用水中的剩余污染物质控制在食品工业生产用水可接受的风险水平，以使废水再生利用更加合理和科学。

综上所述，在进行食品工业废水再生利用时，应坚持"源头控制、清浊分流、废水处理、再生利用"相结合的基本思路。着眼于实行清洁生产技术，实现污染预防，减少水资源消耗，在工艺生产过程中节水和回用，是首先应采用的方法，同时又是采用其他再生利用方法的前提。清浊分流再生利用方法相对技术成熟，工程易实施，处理费用较低，是优先考虑采用的方法。废水处理分质再生利用是节约水资源、可因地制宜采用的有效方法。废水深度处理再生利用方法能明显改善回用水水质，保证安全可靠供水，是具有前景的更高层次废水处理再生利用方法。在食品工业废水处理再生利用的实践中，应按技术经济条件因地制宜地确定和采用不同的方法。

第五节　食品工业废水处理工程实例

本节以某肉类加工企业为例进行深入论述，该企业位于河流湖泊流域，主营生猪屠宰、肉类加工等，其 3000 m³/d 屠宰肉类加工废水处理及回用工程于 2004 年建成投入运行。废水主要来自圈栏冲洗、宰前淋洗和屠宰、放血、脱毛、解体、开腔劈片、油脂提取、剔骨、分割以及副产品加工等工序。废水中含有少量的血污、油脂油块、毛、肉屑、内脏杂物、未消化的食物和粪便等污染物。外观呈暗红色，并带有难闻的腥臭味。废水中含高浓度有机质，还含有大肠杆菌、链球菌及沙门菌等。

一、设计水量和水质

本工程设计处理水量 3000 m³/d，设计水质如表 8-4 所示。

表 8-4　本工程设计水质

项目	原水	处理水
pH 值	6.5 ～ 8.5	6.5 ～ 8.5
COD/（mg/L）	1750	≤ 60
BOD$_5$/（mg/L）	800	≤ 20

项目	原水	处理水
SS/（mg/L）	600	≤ 20
NH_3-N/（mg/L）	60	≤ 15
动植物油 /（mg/L）	130	≤ 20

二、处理工艺流程及特点

（一）处理工艺流程

本工程屠宰肉类加工废水的污染物浓度较高，COD 和 BOD_5 浓度分别达到 1750 mg/L 和 800 mg/L，NH_3-N 浓度为 60 mg/L。处理水达标排放或生产回用，出水水质要求高。为此，本工程采用厌氧水解酸化 - 缺氧 - 好氧活性污泥生物处理和接触过滤深度处理相结合的工艺。本工程屠宰肉类加工废水处理及回用工艺流程如图 8-7 所示。

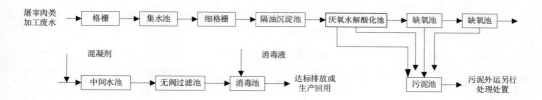

图 8-7　本工程屠宰肉类加工废水处理及回用工艺流程

（二）特点说明

①本工程根据屠宰肉类加工废水中含有油脂油块、畜毛和内脏杂物等特点，废水先经粗格栅去除粗大的杂物（如猪内脏屑），再通过细格栅进入隔油沉淀池去除浮油、畜毛及其他细小固体悬浮杂物后流入调节池，进行水质水量调节。

②本工程采用厌氧水解酸化、缺氧与好氧活性污泥相结合的生物处理工艺，生物处理反应池是厌氧水解酸化池、缺氧池与污泥池的组合池。

③生物处理出水再经添加混凝剂后进行接触过滤深度处理和消毒处理，以实现处理水达标排放或生产回用。

④反应池大部分污泥在池内不回流，剩余污泥和隔油沉淀池污泥排入污泥池定期外运，另行处理处置。

三、主要构（建）筑物和工艺设备

主要构（建）筑物如表 8-5 所示，主要工艺设备如表 8-6 所示。

表 8-5　主要构（建）筑物

名称	数量 / 座	有效容积 /m³	停留时间 /h
集水池	1	132	1.1
隔油沉淀池	1	200	1.6
调节池	1	1955	15.6
水解酸化池	2	397	6.3
缺氧池	2	521	8.3
污泥池	2	1145	18.3
中间水池	1	396	3.1
污泥池	1	189	—

表 8-6　主要工艺设备

名称	主要规格	数量 / 台
粗格栅	栅条间距 10 mm	1
潜污泵	Q=250 m³/h，H=11 m，N=15 kW	3
细格栅	栅条间距 5 mm	1
潜污泵	Q=70 m³/h，H=10 m，N=4 kW	4
鼓风机	Q=10 m³/min，H=49 kPa，N=15 kW	5
滗水器	500 m³/h	2
过滤器		2
回流污泥泵	Q=50 m³/h，H=10 m，N=3 kW	2
排泥泵	Q=15 m³/h，H=7 m，N=0.75 kW	2

四、运行效果

本工程自投入使用以后运行正常，于 2004 年 12 月经当地环保部门监测，出水水质达到《污水综合排放标准》（GB 8978—1996）一级标准和预期的出水水质要求。运行效果如表 8-7 所示。

表 8-7　运行效果

项目	SS/（mg/L）	NH_3-N/（mg/L）	COD_{Cr}/（mg/L）	BOD_5/（mg/L）	动植物油/（mg/L）
集水池进口	532	52	1628	586	340
出水口	11	9.9	58	16	2.8
排放标准	50	15	60	20	20
预期出水水质	≤ 20	≤ 15	≤ 60	≤ 20	≤ 20

五、结论

①屠宰肉类加工废水含有畜毛、内脏杂物、肉屑、油脂、未消化的食物、粪便等杂质和污染物，废水的有机污染物浓度高，NH_3-N 含量高。本工程采用预处理（格栅、隔油沉淀）、生物处理（厌氧水解酸化、好氧活性污泥法）、深度处理（絮凝接触过滤、化学氧化、消毒）相结合的处理工艺流程。经运行表明，在进水 COD 浓度为 1628 mg/L、BOD_5 浓度为 586 mg/L、NH_3-N 浓度为 52 mg/L、SS 浓度为 532 mg/L、动植物油浓度为 340 mg/L 的情况下，经处理后出水 COD 浓度为 58 mg/L、BOD_5 浓度为 16 mg/L、NH_3-N 浓度为 9.9 mg/L、SS 浓度为 11 mg/L、动植物油浓度为 2.8 mg/L，出水水质达到了预期要求。因此，本工程的处理工艺流程是可行的。

②本工程生物处理部分采用厌氧水解酸化－缺氧－好氧活性污泥组合处理工艺，具有占地少、投资省、易操作管理等特点。

③在处理屠宰肉类加工废水时，应充分考虑该废水杂质较多和含油脂油块等特点，在设备选型（如提升泵、排泥泵）和管道设置上应留有适当余地，防止使用时堵塞。

第九章 其他工业废水处理工艺及工程应用

工业高速发展伴随着一系列水污染问题的产生，工业废水种类多、水质波动大，如何处理工业废水并将其资源化利用成为当前优化工业生产、改善水环境的关键问题。本章为其他工业废水处理工艺及工程应用，主要介绍了制药废水处理与回用、造纸废水处理与回用、重金属废水处理与回用、工程实例、工业废水资源化发展趋势这几方面内容。

第一节 制药废水处理与回用

一、影响制药废水再生回用的主要因素

制药废水是国内外较难处理的高浓度有机废水之一，也是我国重要的工业废水污染源之一。制药废水的特点是成分复杂、有机物含量高、毒性大、色度深和含盐量高，有机污染物种类多，BOD/COD$_{Cr}$ 值低且波动大，SS 浓度高，同时水量波动大。而对制药废水进行深度处理再生回用，不仅可以削减污染物排放量，而且能够节约水资源，贯彻节能减排，提高制药企业的经济效益和社会效益，促进企业的可持续发展。

要实现制药废水的再生利用，主要应考虑以下几个因素。

（一）回用的用途和目标

制药企业废水回用的用途和目标决定了回用水水质，也就确定了应采用的处理工艺流程。由于制药企业产品的特殊性，回用水的用途一般用作杂用水、绿化浇灌及景观用水、循环冷却用水及锅炉补给水等。

（二）污染物的种类和水质指标

不同的制药企业排放的污染物种类不同，化学合成制药、生物制药、发酵类制药等产生的污染物质及浓度都不相同，即使同样是化学合成制药，其废水组成

和水质也由相关产品及生产工艺所决定。因此必须有针对性地确定再生利用处理工艺和技术。

（三）回用处理技术的成熟性与稳定性

由于废水深度处理回用时，对回用水水质稳定性有较高的要求，因此从回用的可靠性和安全性角度考虑应当选择成熟和运行稳定的回用处理工艺。

（四）已有的废水处理工艺

回用水深度处理工艺一般设置在达标排放废水处理工艺之后，因此应对制药企业已有的废水处理工艺及其处理效果进行评估和分析，了解深度处理中需要去除的残余污染物的性质和特点，使深度处理工艺的选择更具有针对性。

（五）其他因素

制药废水的再生回用有时还需要考虑一些其他因素，例如经济的合理性、水量的稳定性、运行管理的可操作性、是否会有二次污染的风险、工程的占地面积以及制药生产工艺或产品的变化趋势等。

二、制药废水处理回用技术进展

传统的物化生化组合方法能够去除制药废水中的大部分有机物，以使处理水水质达到相应的排放标准。若用于再生回用，则必须深度处理。多年来，国内对制药废水深度处理再生回用技术进行了广泛的研究，取得了较大进展。目前制药废水深度处理再生回用技术主要有吸附技术、氧化技术、生物技术、膜分离技术。

（一）吸附技术

吸附技术在制药废水的深度处理方面应用广泛，能够实现良好的污染物去除效果，但吸附剂能力不稳定，甚至于饱和的问题严重，使得实际应用中需定期补充更换活性炭以保证吸附效果，处理成本大大提高。臭氧氧化后活性炭吸附是一种很好的改良方法，研究发现，臭氧氧化能够延长活性炭的再生周期，减少再生费用。同时活性炭也能够对臭氧氧化的反应实现一定的催化效果，有利于反应的强化和推进。臭氧氧化后活性炭吸附可以改善原本的问题和不足，延长处理周期，提高吸附效果，降低反应成本，具有很好的协同作用。

（二）氧化技术

目前氧化技术在废水再生利用中的应用研究较多，尤其是高级氧化技术、电化学氧化技术和光催化氧化技术。以 Fenton 为代表的高级氧化技术在制药废水深度处理中，脱色效果较好，COD 去除率高。电化学氧化技术作为利用外加电场氧化有机物的深度处理工艺可以有效地去除废水中的 COD、色度、浊度等，并对难降解有机物具有不错的分解效果，相关研究表明，电化学氧化技术应用于制药废水的深度处理可以取得良好的效果。光催化氧化技术虽然处理效果很好，但建设投入和耗能较大，目前还处于小规模应用。

（三）生物技术

生物技术的机理主要是利用微生物的代谢循环过程对制药废水中的有机物进行降解和去除，该技术具有处理效果稳定、成本较低等优势。有学者研究证明，升流式厌氧污泥床（UASB）能够将制药废水中的 COD 去除到较低水平。为了弥补单独处理的技术不足，生物技术中倾向将好氧生物法和厌氧生物法耦合，实现处理效率的大幅度提高，出水水质良好。但由于制药废水中污染物类型繁杂，生物技术仍存在处理时间较长的问题。

（四）膜分离技术

研究表明，将不同的膜分离技术如微滤、超滤、纳滤、反渗透等相结合，或膜分离技术与生物技术等其他技术相结合（如膜生物反应器），是制药废水深度处理的一个重要研究方向。例如，将混凝砂滤微滤反渗透集成技术应用于去除制药废水中的抗生素，该混凝砂滤微滤反渗透集成技术作为预处理工艺能有效地去除废水中的悬浮物和浊度，对氨氮、COD_{Cr} 以及废水的 SDI 值等均有一定的处理效果，进而可以为后续处理提供合格的进水，减轻处理压力。反渗透技术能去除进水中的绝大部分无机盐、色度和 COD_{Cr}，处理水水质优于《城市污水再生利用　工业用水水质》（GB/T 19923—2005）中规定的各项控制指标要求。但是，膜分离技术存在着投资和运行费用偏高、在运行中易产生膜的污堵、需要高水平的预处理和定期的化学清洗，以及浓缩物的处理等问题，需要在今后的研发和工程实践中予以解决。

第二节　造纸废水处理与回用

一、脱墨废水处理技术

综合造纸厂废水处理可分为脱墨废水不单独处理的废水处理工艺和脱墨废水单独处理的废水处理工艺。

（一）脱墨废水不单独处理的废水处理工艺

脱墨废水不单独处理的废水处理工艺是指脱墨废水不单独处理而是并入全厂废水排放系统中统一处理的技术方案，其流程如图9-1所示。该工艺将净化、打浆、脱墨、洗涤等处理工序中的废水集中起来进行统一处理，使得处理工艺流程简单有效，集中性较高。鉴于没有对脱墨废水中的 COD、悬浮物、有机物等进行提前处理，故综合造纸厂废水需经过气浮去除多余杂质后通过厌氧好氧生物处理组合工艺才能实现达标排放。

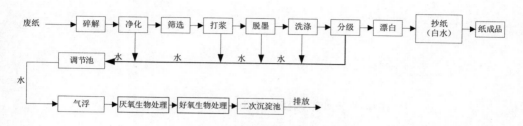

图 9-1　脱墨废水不单独处理的废水处理工艺流程

（二）脱墨废水单独处理的废水处理工艺

脱墨废水单独处理的废水处理工艺是指脱墨废水先单独进行处理，再并入全厂废水系统统一处理的技术方案，其流程如图9-2所示。脱墨废水作为造纸流程中主要的污染来源，将脱墨废水单独处理后再统一处理能够有效减轻后续处理压力，不需要增设厌氧生物处理工序，仅通过水解及好氧生物处理就可以使出水满足《制浆造纸工业水污染物排放标准》（GB 3544—2008）。

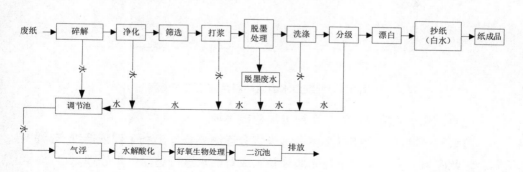

图 9-2　脱墨废水单独处理的废水处理工艺流程

说明：处理工艺流程中各处理工序解释同上。

二、无蒸煮和脱墨工序废水集中处理技术

在一些纸箱厂和纸板厂，其造纸原料为旧纸板和纸箱，在造纸过程中无须蒸煮和脱墨工序，因此废水的污染程度相对较低，其废水处理工艺流程如图9-3所示。

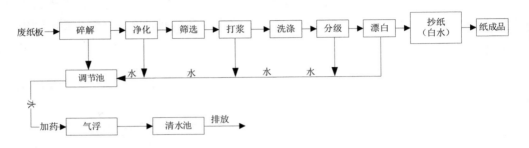

图9-3　无蒸煮和脱墨工序废水集中处理工艺流程

说明：①气浮装置可采用溶气气浮、涡凹气浮或浅层气浮设备，目前浅层气浮设备采用较多；②处理后清水若有回用或精水要求，处理工艺可参照上述工艺。

三、抄纸白水的循环利用

在上述各废水处理工艺中，若考虑节水，抄纸白水可通过过滤、气浮或沉淀等工序处理后循环利用，可采用如图9-4所示的处理工艺流程。

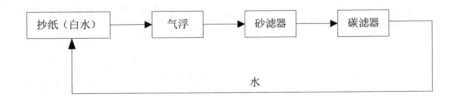

图9-4　抄纸白水的循环利用处理工艺流程

说明：视水质情况，气浮系统可加药或不加药。

白水的长期回用会使得水体中污染成分逐渐累积。不利于保证造纸产品的品质，因此应当在实际应用中补充部分新水或对白水进行更深一步处理。

第三节　重金属废水处理与回用

一、重金属废水再生回用现状

目前，我国重金属废水再生利用最具有代表性的是电镀废水再生利用。2007年2月1日，环保部颁布了《清洁生产标准 电镀行业》（HJ/T 314—2006），电镀废水回用被明确列入电镀清洁生产标准，电镀废水资源回收利用和闭路循环成为未来的发展方向。随着生产工艺的更新和升级，电镀废水处理方法也从原有的单项治理技术逐渐转变成为合理分类分流、分别治理，废水治理流程向着越来越专业化、设备化与系列化的方向发展，膜技术和物理、生化等其他技术的耦合集成越来越成为人们的共识和努力的方向。

重金属回收、电镀废水再生利用的基本思路是将电镀废水分流收集、分质处理，以免回用水中重金属离子交叉污染。电镀废水中的银离子、镍离子等贵重金属可采用离子交换法或膜分离技术进行电镀槽边处理回收。

电镀废水再生利用的处理对象主要是重金属、有机物、无机物、颗粒状物、病原微生物等。处理技术主要有过滤、离子交换、活性炭吸附、膜分离等技术。

二、重金属废水生产回用水质要求

以电镀废水为例，电镀废水生产回用如作为前处理的漂洗用水，则回用水水质只要是达到自来水的水质即可。如果要作为镀液之间的漂洗用水，总的原则是要分析废水中的杂质种类含量，是否会和前道工序带进的废水产生不良反应以及对下道工序是否会造成污染。如果处理的废水可以严格分类，比较简单和安全的方法是按生产工序分项收集、分质处理、分质回用。当然，安全可靠的废水处理再生利用技术是，将化学方法处理后的废水再经过膜处理，使回用水质完全达到生产回用水质要求。

使用膜处理的好处是可以实现废水的再生利用，达到节能减排、实施清洁生产的目的。目前，较为通行的电镀废水生产回用深度处理技术有 UF-RO 技术、离子交换技术等。

三、重金属废水深度处理回用技术进展

如图 9-5 所示为电镀废水膜分离技术处理回用一般工艺流程。

图 9-5　电镀废水膜分离技术处理回用一般工艺流程

化学法处理出水先经砂滤或多介质过滤、活性炭吸附过滤预处理，再经精密过滤器（保安过滤器），而后采用 UF-RO 双膜技术处理，RO 处理出水作为生产回用，浓水作为冲洗地面等中水利用或处理排放。一般对电镀废水化学法处理出水再经 UF-RO 双膜技术处理后，RO 处理出水水质能达到《电镀污染物排放标准》（GB 21900—2008）水污染物特别排放限值的要求。在进水的电导率小于 3000 μS/cm 的条件下，RO 处理出水的电导率小于 150 μS/cm，回用水率可达60%。

电镀废水采用 RO 处理进行回收利用时，RO 处理出水可直接回用到漂洗水槽，浓水进入综合废水集水池进行化学处理。如有必要，化学处理出水可再经 RO 处理回用，浓水排放。该处理工艺实现了重金属回收和电镀废水回用，提高了电镀企业的清洁生产水平，减少了电镀污染物排放。

对于单一种类的电镀废水而言，膜分离技术能够分门别类将其浓缩，在不改变污染成分、不添加药剂、不产生二次污染的基础上，实现废水处理及回用的闭路循环。另外，膜分离技术较其他技术还具有占地面积小、操作简单、可以连续操作等优势。

目前，膜分离技术的局限性：由于电镀废水的盐分太高，对膜性能和质量的要求高；能耗较大；在运行中存在膜的污堵，需要视运行情况对膜进行化学清洗。此外，还存在浓水排放与处理等问题。

近年来，电镀废水深度处理回用主要依靠膜分离技术来实现，但采取该技术时应注意以下几方面：

①选择合适的回用水水源。

②确定合理的回收率。一般在保证膜系统稳定运行的情况下，应尽可能提高回收率。工程运行实践表明，RO 系统回收率一般宜为 50% ～ 65%，若回收率高于 65%，则系统易结垢。

③理性的设计通量。设计通量取值直接影响膜系统的投资和运行稳定状态，因此如有条件应通过试验确定设计通量。

④在膜分离工艺之前增设预处理，对废水进行提前处理后作为膜分离工艺进水，尽可能避免膜污染、膜结垢等对处理效果的干扰。

⑤在 RO 处理前设置保安过滤器。保安过滤器滤芯孔径宜小于等于 5 μm，当浓水中的硅浓度超过理论溶解度时，滤芯孔径应选择 1 μm。

第四节　工程实例

一、某实业公司电镀废水处理工程

（一）工程概况

某实业公司位于太湖流域，在酸洗、镀锌、镀镍等车间均有电镀废水产生，总水量为 650 m³/d。其中包括约 50 m³/d 的在镀锌生产过程中产生的含铬废水，Cr（V）含量为 200 ~ 250 mg/L。其他含锌废水水量为 200 m³/d，Zn^{2+} 浓度为 15 ~ 20 mg/L。镀镍生产线在初镀铜过程中产生了一定量的含氰废水，水量约为 40 m³/d，氰化物浓度约为 10 mg/L，含铜镍废水水量为 140 m³/d。其他酸洗废水水量为 220 m³/d，pH 值为 1.5 ~ 3.5。

（二）工艺流程

该电镀废水组分复杂，不宜直接混合处理，对含铬废水、含氰废水、其他废水（如含锌和酸洗废水等），分别进行预处理后再将其混合并连同含铜镍废水一起处理，其工艺流程如图 9-6 所示。

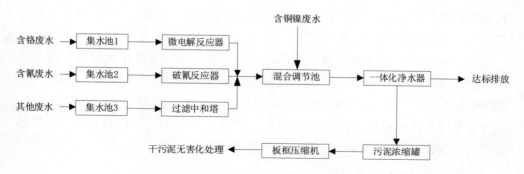

图 9-6　某实业公司电镀废水处理工艺流程

①含铬废水首先进入集水池 1，在泵的作用下通过微电解反应器，将高毒性

的六价 Cr（Ⅵ）还原为低毒的三价 Cr（Ⅲ），再在重力作用下进入混合调节池。

②含氰废水进入集水池 2 后，用泵提升至两级破氰反应器完成破氰反应后，自流至混合调节池。

③含锌、酸洗废水等其他废水进入集水池 3，并在过滤中和塔中调节 pH 值，再进入混合调节池与其余废水混合。

④含铜镍废水不经过任何其他处理工艺直接进入调节池。

⑤混合调节池对预处理后的各类电镀废水进行水质水量调节，出水用泵提升进入一体化净水器，并于泵前投加碱、絮凝剂、重金属离子捕集剂，在净水器中发生中和混凝反应，并在分离室发生固液分离，经分离后废水再经由滤料过滤排至清水池，处理水水质达到排放标准，可达标排放，亦可回用作清洗用水。

⑥浓缩后的污泥经压缩脱水后作为干污泥被无害化处理，不产生额外的二次污染。

（三）运行效果

该工程已通过有关部门验收，处理系统运行稳定，出水水质良好。运行结果表明，废水的主要污染物均得到高效去除，出水中 Cr（Ⅵ）一般都低于检出限，pH、SS、总铬、总镍、总铜、总锌等指标均能稳定达到《污水综合排放标准》（GB 8978—1996）一级排放标准。

二、某药业股份有限公司制药废水处理工程

（一）工程概况

某药业股份有限公司位于我国长三角经济发达地区，是国内最大的抗生素、抗肿瘤药物生产基地，主要生产抗肿瘤、心血管系统、抗感染、抗寄生虫、内分泌调节、免疫抑制、抗抑郁药物等。

该企业生产工艺先进，单位产品耗水量较低，生产废水浓度较高，成分复杂，且随着产品的不断转换，废水成分极不稳定，有时 COD_{Cr} 浓度为 30000 ～ 40000 mg/L（正常情况下为 15000 ～ 30000 mg/L），SS 浓度为 4500 ～ 5000 mg/L。企业针对生产废水建立了相关处理项目，处理能力为 3000 m³/d，处理出水满足《污水综合排放标准》（GB 8978—1996）二级排放标准。

（二）处理工艺流程

根据该废水成分复杂的特点，选用分质处理工艺，对化学合成制药废水和发酵类制药废水各自进行预处理。合成废水预处理采用废水氧化调节—絮凝沉淀工

艺。发酵废水预处理采用格栅—预曝气调节—沉淀工艺。预处理后的两股废水进入综合调节池，再经生物处理和气浮使出水达标排放。该企业制药废水处理工艺流程如图 9-7 所示。

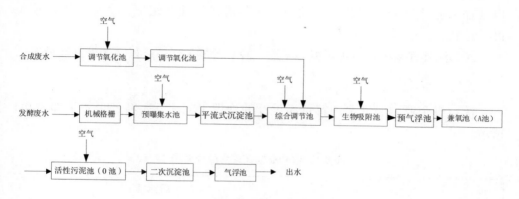

图 9-7　该企业制药废水处理工艺流程

该工艺流程的重点是合成废水预处理和 A/O 处理单元。

① 合成废水预处理。针对合成废水种类繁多、成分复杂、污染物浓度高、色度和毒性大的特点，对合成废水进行 Fenton 氧化处理，使部分大分子开环断链，破坏毒性基团，提高废水可生化性。该废水经 Fenton 氧化后，COD_{Cr} 去除率在 30% ～ 38%，色度从 2300 倍降到 800 倍，BOD/COD 的值从 0.15 提高到 0.35。

② A/O 处理单元。制药废水在经过各种处理工序后，进入生物处理，水质波动还是比较大的，选择抗冲击能力强的处理工艺至关重要。该工艺流程选用了 A/O 工艺，利用 A 池兼氧菌和产酸微生物将废水中不易生物降解的大分子有机物转化为易生物降解的小分子有机物，使废水在后续好氧单元（O 池）在较短的停留时间和较低的能耗下得到处理。从实际运行情况看，采用该工艺，COD_{Cr} 去除率可达到 70%。

（三）主要构筑物、设备及工艺参数

① Fenton 氧化槽。Fenton 试剂（$FeSO_4/H_2O_2$）投加比例为 0.5：1，采用连续投加曝气混合方式。

② 综合调节池。综合调节池水力停留时间为 44 h，有效容积 5500 m^3，池中进行曝气均质，用 2 台鼓风机供气。

③ A/O 系统。A/O 池分 2 个系列。A 池水力停留时间为 72 h，有效容积 9000 m^3，共分 12 个单元格，第 1 至 11 格池子底部设有曝气系统，中下部挂有

生物填料，溶解氧浓度控制在 0.5mg/L 以下。O 池分为前后两部分，单池有效容积为 2500 m³，采用活性污泥法工艺，池内设置微孔曝气器，溶解氧浓度控制在 3 ～ 4 mg/L，污泥沉降比（SV_{30}）一般为 40% ～ 45%。O 池污泥可排至 A 池，以增加 A 池生物量。二次沉淀池由三个竖流式沉淀池组成，沉淀污泥回流由 PLC 控制。

④污泥处理系统。系统污泥经压缩、脱水后被外运进行最后的处理和处置。

（四）运行效果

针对该企业制药废水的特点而设计的处理工艺流程，其处理效果如表 9-1 所示。

表 9-1　该企业制药废水处理效果

处理单元	项目	水质标准		
		pH 值	COD/（mg/L）	SS/（mg/L）
综合调节池	进水	5	9850	5000
	出水	5	7131	1800
	去除率 /%	—	27.6	64
预气浮池	进水	5	7131	1800
	出水	8	6275	800
	去除率 /%	—	12	55
A 池	进水	8	6275	800
	出水	7	2184	400
	去除率 /%	—	65	50
O 池	进水	7	2184	400
	出水	7.3	304	260
	去除率 /%	—	86.1	35
排放出水		7.3	271	131
总去除率			97.2	97.4

（五）讨论

①该工程采用分质处理，减少了基建投资，降低了运行成本，保证了系统的稳定性。

②该工程综合调节池水力停留时间为 44 h，为后续生物处理的稳定运行提供了保障，可为同类型废水处理工程提供借鉴。

③合成废水中含有大量的有机溶剂，建议在进入 Fenton 氧化处理单元之前先进行溶剂回收处理（多效蒸发、气浮、萃取等），这样既可以回收有用资源，又可以降低 Fenton 处理单元的投药量，从而降低运行成本。

④该工程废水中 SS 含量高，采用平流式沉淀池泥斗排泥操作烦琐，宜选用机械刮泥辐流式沉淀池等形式，以改善排泥效果和提高沉淀效率。

第五节　工业废水资源化发展趋势

工业废水含有大量的碳、氮、磷等元素及重金属，是导致水华及水体黑臭、富营养化等问题的关键来源。2019 年《国家节水行动方案》中对工业用水也提出了明确要求，即"规模以上工业用水重复利用率达到 91% 以上"。因此，工业废水的资源化利用、少排放甚至于零排放成为减缓水资源压力、优化产业发展、增强企业竞争力的关键一步。随着我国经济、科技的持续发展，社会各界对生态环境重视程度日益增高，未来工业废水处理工作中更趋向于选择生态性、无二次污染的工业废水处理技术。

生物处理技术因其良好的污水处理效果在工业废水的处理与资源化回用中占有重要地位。好氧生物处理技术在运行过程中需要不断通氧以保证反应的顺利进行，对电能具有依赖性，耗能情况严重，与节能环保的处理目标不符。厌氧生物处理技术在耗能方面具有天然的优势，同时能够保持良好的处理效果，将废水中难处理的高分子有机物转变为易处理的低分子有机物，在保证处理效率的同时能耗更低，不会造成资源浪费问题。菌藻共生技术同时具备有机物降解和碳氮磷固定的优势，日益成为废水零排放战略的研究热点。研究表明，菌藻共生技术利用了微生物之间高效的碳氮循环，实现了有机物和碳氮污染物的同步去除，相比传统活性污泥法表现出更低的碳排放量，为实现工业废水零排放以及碳中和战略目标提供了有效途径。绿色膜生物反应器技术在工业废水处理方面也具有广阔的应用前景。绿色膜生物反应器技术将膜分离技术与生物技术集合化，能够最大限度减少后续的污泥污染，具有使用寿命较长且耐污染的特征。利用绿色膜生物反应器技术处理工业废水不仅可以保证处理效果，还可以降低处理成本，实现工业废水处理的绿色化、低碳化。

工业废水零排放政策的落地，引领着未来工业废水处理技术的发展应更多致力于新技术、新设备的开发和研究，打破行业技术壁垒，逐步应用于零排放项目中，在保障水质标准的同时提高资源利用率，缩短我国与发达国家工业废水处理工作水平的距离。

先进的智能化控制技术在工业废水处理领域也有巨大的发展潜力，将计算机技术与传统的水处理技术相结合，智能化控制水处理技术有望在未来得到长足发展，运用到更多企业的工业废水实际处理当中。工业废水污染物复杂多样，强调预处理 - 生物处理 - 深度处理的耦合工艺是未来重要的发展方向。常见的组合工艺，如厌氧酸化技术 + 好氧生化技术、电催化氧化技术 + 生化处理技术等均是通过有效的预处理最终使高浓度有机污染废水得到更好的处理效果。另外，新技术的研发还应注重降低成本，即对处理材料、技术、流程等进行创新和优化，在保证出水达标的同时降低废水的处理成本。例如，利用臭氧催化氧化技术处理工业废水，既能高效催化臭氧分子，提高臭氧利用率，也能更大程度地分解废水中的难降解有机物。

当前我国的工业废水资源化利用仍处于起步阶段，但技术效果、应用规模等方面均处在高速发展阶段。为进一步改善工业废水处理效率，未来应建立健全废水处理及管理制度，逐步实现工业废水资源化。逐步完善废水处理制度，以"市场化、专业化、产业化"为导向，推动建立专业第三方治理机制，优化产业布局，以技术领先企业为标杆，提升行业整体水平，推动废水处理行业的快速发展。将工业废水"去除化"向"资源化"转变，将工业废水中含有的大量有机盐等有价值的物质尽可能回收利用，避免工业废水中的"资源浪费"。在保证排放达标的基础上兼顾资源回收，有利于废水处理效益的提高和水处理行业的长远发展，与国家的可持续发展战略相契合，可为水处理行业提供新的发展思路和良好的环境基础。随着研发的不断深入，相信未来会有更加高效、节能、低成本的技术应用到工业废水的处理与资源化利用过程中。

参考文献

［1］曾郴林，刘情生.工业废水处理工程设计实例［M］.北京：中国环境出版社，2017.

［2］杨敏，张昱，高迎新，等.工业废水处理与资源化技术原理及应用［M］.北京：化学工业出版社，2019.

［3］张林生，卢永，陶昱明，等.水的深度处理与回用技术［M］.北京：化学工业出版社，2016.

［4］王又蓉.工业废水处理问答［M］.北京：国防工业出版社，2007.

［5］周亮.基于 AAO+MBR 组合工艺的造纸工业废水处理方法研究［J］.造纸装备及材料，2021，50（2）：5-6.

［6］谢霞.工业废水处理的主要危害因素分析与控制措施［J］.资源节约与环保，2021（2）：87-88.

［7］刘俊逸，黄青，李杰，等.印染工业废水处理技术的研究进展［J］.水处理技术，2021，47（3）：1-6.

［8］吴宇峰.厌氧生物技术在工业废水处理中的应用［J］.科技风，2021（5）：183-184.

［9］邓永飞，刘涛，吴海铨，等.食品工业废水处理技术研究进展［J］.工业水处理，2021，41（10）：1-7.

［10］张庆民.石油和化学工业环保废水的处理工艺［J］.化工管理，2020（36）：149-150.

［11］祁海江.工业废水的生产与治理措施［J］.冶金管理，2020（23）：143-144.

［12］车赛男.关于工业废水污染治理途径与技术的研究［J］.资源节约与环保，2020（9）：91-92.

［13］李俊.水处理工艺技术在工业废水处理中的应用研究［J］.皮革制作与环保科技，2020，1（14）：46-50.

［14］张少统.厌氧生物技术在工业废水处理中的应用［J］.当代化工研究，2020（8）：111-112.

［15］丁雁雁.厌氧生物技术在工业废水处理中的应用［J］.皮革制作与环保科技，2020，1（5）：124-126.

［16］赵意，张佰冰.工业废水处理过程中可能遇到的问题［J］.化工设计通讯，2020，46（2）：213-214.

［17］申晓霞，孙晖，周健飞，等.工业废水的处理与循环再利用研究［J］.中国资源综合利用，2019，37（12）：42-44.

［18］雍田景.厌氧生物技术应用于工业废水处理中的研究［J］.生物化工，2019，5（3）：158-160.

［19］马勇刚.石油化工工业废水处理工艺研究［J］.化工管理，2019（17）：188-189.

［20］章森森.工业废水处理方法研究及技术进展探析［J］.化工管理，2019（12）：52-53.

［21］冯树龙.浅谈化工工业废水处理工艺［J］.云南化工，2018，45（7）：193-195.

［22］韩昆.浅谈工业废水处理方法及回收利用［J］.皮革制作与环保科技，2022，3（8）：16-18.

［23］张壮伟.工业废水循环利用的机理与方法研究［J］.资源节约与环保，2021（12）：114-116.

［24］熊富忠，温东辉.难降解工业废水高效处理技术与理论的新进展［J］.环境工程，2021，39（11）：1-15.

［25］张姣，肖康，刘紫微，等.大型膜生物反应器在中国工业废水处理中的应用：技术经济特征、驱动力和展望［J］.Engineering，2021，7（6）：358-385.

［26］张统，李志颖，董春宏，等.我国工业废水处理现状及污染防治对策［J］.给水排水，2020，56（10）：1-3.

［27］秦妮，黄超，卢奇，等.工业废水的分类及其处理方法研究［J］.辽宁化工，2020，49（7）：891-892.

［28］陈坤，杨德敏，袁建梅.芬顿氧化/混凝/气浮/厌氧好氧组合工艺处理抗生素类制药废水［J］.水处理技术，2021，47（9）：136-139.

［29］穆文华.某印染工业园区废水处理工程实例［J］.工业用水与废水，2022，53（5）：71-74.

［30］钟江涛，林介成.工业废水的处理方法探讨［J］.北方环境，2012，24（2）：138-140.

［31］夏超，周浩然，周家中，等.MBBR 工艺用于工业废水强化去除氮素的研究分析［J］.工业用水与废水，2020，51（4）：25-29.

［32］皮永蕊，吕永红，柳莹，等.微藻－细菌共生体系在废水处理中的应用［J］.微生物学报，2019，59（6）：1188-1196.

［33］张晶，侯和胜，佟少明.微藻与细菌作用关系的研究进展［J］.激光生物学报，2016，25（5）：385-390.

［34］张立果.高级氧化技术在工业废水处理中的运用探析［J］.资源节约与环保，2022（5）：100-102.

［35］谢静铭，李鸥.电解法深度处理焦化废水影响因素研究［J］.清洗世界，2016，32（11）：25-27.

［36］邹涛，刘明远.离子交换法处理工业废水中重金属的现状与发展［J］.山东化工，2017，46（10）：190-192.

［37］梁鑫.高效反渗透技术在煤化工废水零排放中的应用［J］.山西化工，2022，42（2）：322-324.

［38］崔凤霞，李荣，陈玮娜.工业废水零排放技术进展［J］.环境科学导刊，2016，35（增刊1）：135-139.

［39］林旭，刘彩虹，刘乾亮，等.膜蒸馏技术处理工业废水研究进展［J］.中国给水排水，2022，38（10）：46-55.

［40］朱林，许成凯，吕航.正渗透膜分离技术及应用研究进展［J］.科技创新与应用，2019（19）：50-52.

［41］郑腾烁.基于零排放理念的工业废水处理技术进展［J］.化工管理，2019（17）：112-113.

［42］李宝忠，郭宏山，王雪清，等.石油工业废水局部零排放技术策略［J］.安全、健康和环境，2018，18（4）：30-34.

［43］任京东，窦丽媛，孟祥海，等.我国炼油企业节水减排的技术与措施［J］.现代化工，2011，31（1）：5-9.

［44］杨志林，程传，程志刚，等.臭氧催化氧化深度处理石油化工废水存在问题研究［J］.工业用水与废水，2020，51（4）：38-40.

［45］苏志远.石化废水资源化中采用膜分离技术探讨［J］.石油化工环境保护，2005（2）：15-17.

［46］陈鹏，伍新驰.浅析石油化工废水深度处理方法［J］.科技创新导报，2012（19）：141.

[47] 韦朝海，贺明和，任源，等.焦化废水污染特征及其控制过程与策略分析 [J].环境科学学报，2007（7）：1083-1093.

[48] 王小娜.煤液化工艺过程三废排放现状及防治对策 [J].节能与环保，2020（5）：34-35.

[49] 张怀东，张怡立，沈忧思，等.印染行业废水处理技术的现状及发展趋势 [J].染整技术，2022，44（4）：1-5.

[50] 刘玲玲.印染废水处理技术研究 [J].化纤与纺织技术，2021，50（3）：15-16.

[51] 刘忠，武荣芳.磁技术在印染废水中的应用 [J].科技视界，2014（26）：266.

[52] 吉剑.制药废水的生化处理分析 [J].中国石油和化工标准与质量，2022，42（2）：26-28.

[53] 姜磊，涂月，李向敏，等.污水回收再利用现状及发展趋势 [J].净水技术，2018，37（9）：60-66.

[54] 陈柳州，赵泉林，叶正芳.食品工业废水处理技术研究进展 [J].应用化工，2022，51（8）：2332-2336.

[55] 万晓卉.臭氧微气泡氧化法处理有机废水研究 [D].上海：上海第二工业大学，2020.

[56] 徐帆.电渗析复分解法硫酸盐型工业废水处理过程研究 [D].天津：河北工业大学，2020.

[57] 桂双林.反渗透膜处理稀土工业废水及传质特性研究 [D].南昌：南昌大学，2021.

[58] 王龙.高浓度乳制品废水处理工艺研究及工程设计 [D].呼和浩特：内蒙古大学，2018.

[59] 唐乾.印染废水处理厂直排设计 [D].大连：大连海事大学，2020.

[60] 方战强.工业废水处理水的回用技术研究 [D].广州：广东工业大学，2000.

[61] 冯星桥.基于水力空化条件下焦化废水／垃圾渗滤液处理技术研究 [D].太原：中北大学，2022.

[62] 张军.煤气化废水深度处理技术的试验研究 [D].北京：华北电力大学，2012.

[63] 付强强.煤气化废水水质分析及深度处理工艺研究 [D].青岛：青岛科技大学，2016.

［64］ 刘佑泉. 印染废水处理研究［D］. 长沙：湖南大学，2006.

［65］ Chen C, Yu J, Yoza B A, et al. A novel "wastes-treat-wastes" technology： role and potential of spent fluid catalytic cracking catalyst assisted ozonation of petrochemical wastewater［J］. Journal of Environmental Management, 2015, 152：58-65.

［66］ Teh C Y, Budiman P M, Shak K P Y, et al. Recent advancement of coagulation–flocculation and its application in wastewater treatment［J］. Industrial & Engineering Chemistry Research, 2016, 55（16）：4363-4389.

［67］ Kinidi L, Tan I A W, Abdul Wahab N B, et al. Recent development in ammonia stripping process for industrial wastewater treatment［J］. International Journal of Chemical Engineering, 2018（12）：1-14.

［68］ Li L, Shi Y, Huang Y, et al. The Effect of Governance on Industrial Wastewater Pollution in China［J］. International Journal of Environmental Research and Public Health, 2022, 19（15）：9316.

［69］ Wentao Z, Xia H, Dujong L. Enhanced treatment of coke plant wastewater using an anaerobic–anoxic–oxic membrane bioreactor system［J］. Separation and Purification Technology, 2008, 66（2）：279-286.

［70］ Al-Qodah Z, Al-Qudah Y, Omar W. On the performance of electrocoagulation- assisted biological treatment processes： a review on the state of the art［J］. Environmental Science and Pollution Research, 2019, 26（28）：28689-28713.

［71］ Abujazar M S S, Karaağaç S U, Amr S S A, et al. Recent advancement in the application of hybrid coagulants in coagulation-flocculation of wastewater： A review［J］. Journal of Cleaner Production, 2022：131133.

［72］ Ghulam M, Kisay L. Treatment of real wastewater using co-culture of immobilized Chlorella vulgaris and suspended activated sludge［J］. Water Research, 2017, 120：174-184.

［73］ Ma D, Yi H, Lai C, et al. Critical review of advanced oxidation processes in organic wastewater treatment［J］. Chemosphere, 2021, 275（3）：130104.

［74］ Zhang Z， Wu Y， Luo L， et al. Application of disk tube reverse osmosis in wastewater treatment： A review ［J］. Science of The Total Environment， 2021： 148291.

［75］ Rubio J， Souza M L， Smith R W. Overview of flotation as a wastewater treatment technique ［J］. Minerals Engineering. 2002， 15： 139-155.

［76］ Guo X， Zhan Y， Chen C， et al. The influence of microbial synergistic and antagonistic effects on the performance of refinery wastewater microbial fuel cells ［J］. Journal of Power Sources， 2014， 251： 229-236.

［77］ Sun W， Qu Y， Yu Q， et al. Adsorption of organic pollutants from coking and papermaking wastewaters by bottom ash. ［J］. Journal of hazardous materials， 2008， 154（1-3）： 595-601.

［78］ Wentao Z， Yuexiao S， Kang X， et al. Fouling characteristics in a membrane bioreactor coupled with anaerobic-anox icoxic process for coke wastewater treatment ［J］. Bioresource Technology， 2010， 101（11）： 3876-3883.

［79］ Asghar A， Raman A A， Daud W. Advanced oxidation processes for in-situ production of hydrogen peroxide/hydroxyl radical for textile wastewater treatment： A review ［J］. Journal of Cleaner Production， 2015， 87： 826-838.

［80］ Turhan K， Durukan I， Ozturkcan S A， et al. Decolorization of textile basic dye in aqueous solution by ozone ［J］.Dyes and Pigments， 2012， 92（3）： 897-901.

［81］ Wang H Y， Niu J F， Long X X， et al. Sonophotocatalytic degradation of methyl orange by nano-sized Ag/TiO$_2$ particles in aqueous solutions ［J］. Ultrasonics Sonochemistry， 2008， 15（4）： 386-392.

［82］ Mondal M， Trivedy K， Nirmal Kumar S. The silk proteins， sericin and fibroin in silkworm， Bombyx mori Lim， a review ［J］. Casplan journal of Environmental Sciences， 2007， 5（2）： 63-76.

［83］ Katerina V， Konstantinos M， Dimitris M， et al. Adaptation measures for the food and beverage industry to the impact of climate change on water availability ［J］. Desalination and Water Treatment， 2016， 57（5）： 2336-2343.